Hermann Ley

Über die Schwierigkeiten des Einzelwissenschaftlers

ZUR KRITIK DER BÜRGERLICHEN IDEOLOGIE

25

HERAUSGEGEBEN VON MANFRED BUHR

unter Mitwirkung von

ANDRÁS GEDÖ (Budapest) · M. T. JOWTSCHUK (Moskau)
TODOR PAWLOW (Sofia) · VLADIMIR RUML (Prag)
ROBERT STEIGERWALD (Frankfurt/Main)

HERMANN LEY

Über die Schwierigkeiten des Einzelwissenschaftlers

Des Biologen Jacques Monod Kritik am historischen Materialismus und der Zwang zur Philosophie in den Naturwissenschaften

AKADEMIE-VERLAG
BERLIN
1973

„... bürgerliche oder sozialistische Ideologie. Ein Mittelding gibt es hier nicht (denn eine ‚dritte' Ideologie hat die Menschheit nicht geschaffen, wie es überhaupt ... niemals eine außerhalb der Klassen und über den Klassen stehende Ideologie geben kann). Darum bedeutet *jede* Herabminderung der sozialistischen Ideologie, jedes *Abschwenken* von ihr zugleich eine Stärkung der bürgerlichen Ideologie."

Lenin

Vorbemerkung des Herausgebers

Der revolutionäre Charakter des Marxismus-Leninismus als einer Wissenschaft des Kampfes, *des Klassenkampfes*, impliziert die kontinuierlich geführte prinzipielle Auseinandersetzung mit allen Erscheinungsformen der bürgerlichen und revisionistischen Ideologie. So gesehen, ist der *ideologische Klassenkampf* ein unabdingbarer Bestandteil der im *Kommunistischen Manifest* wissenschaftlich begründeten welthistorischen Mission des Proletariats. Der Kampf der Arbeiterklasse unter Führung ihrer marxistisch-leninistischen Partei verlangt dergestalt zur Durchführung der sozialistischen Revolution, zur Errichtung ihrer politischen Herrschaft, der Diktatur des Proletariats, und zur erfolgreichen Gestaltung der sozialistischen und kommunistischen Gesellschaft nicht nur die politische und ökonomische, sondern ebensosehr die konsequente ideologische und theoretische Entmachtung der Bourgeoisie.

Anliegen der Reihe *Zur Kritik der bürgerlichen Ideologie* ist es deshalb, die verschiedenen Erscheinungsformen der bürgerlichen und revisionistischen Ideologie der kritischen, das heißt der marxistisch-leninistischen Analyse zu unterziehen und in diesem Prozeß die prinzipiellen Positionen des Marxismus-Leninismus zu festigen. In sie wurde die kritische, die historischen Grenzen markierende Behandlung des humanistischen ideologischen Erbes der progressiven Bourgeoisie einbezogen, um die Tendenz seiner Verwirklichung seiner Weiter- und Höherentwicklung, im Prozeß der Gestaltung der sozialistischen Gesellschaft aufzuweisen und es gegen seine falschen Nachkommen, die Ideologen der imperialistischen Bourgeoisie, zu verteidigen.

Bei der Durchführung des Anliegens der Reihe sind sich Autoren und Herausgeber der optimistischen Mahnung von *Marx* bewußt:

„Die Arbeiterklasse verlangt keine Wunder ... Sie hat keine fix und fertigen Utopien ... Sie weiß, daß, um ihre eigne Befreiung und mit ihr jene höhre Lebensform hervorzuarbeiten ..., daß sie, die Arbeiterklasse, lange Kämpfe, eine ganze Reihe geschichtlicher Prozesse durchzumachen hat, durch welche die Menschen wie die Umstände gänzlich umgewandelt werden. Sie hat keine Ideale zu verwirklichen."

Und: „Im vollen Bewußtsein ihrer geschichtlichen Tendenz und mit dem Heldenentschluß, ihrer würdig zu handeln, kann die Arbeiterklasse sich begnügen, zu *lächeln* gegenüber den plumpen Schimpfereien der Lakaien von der Presse wie gegenüber der lehrhaften Protektion wohlmeinender Bourgeoisiedoktrinäre, die ihre unwissenden Gemeinplätze und Sektierermarotten im Orakelton wissenschaftlicher Unfehlbarkeit abpredigen."

Manfred Buhr

Inhalt

Manchmal fixieren sich in *einem* Werk die ideologischen Komplikationen einer ganzen Generation von Fachwissenschaftlern der bürgerlichen Gesellschaft wie in einem Brennpunkt. Monods Auseinandersetzung mit Zufall und Notwendigkeit belegt, welche Schwierigkeiten es macht, von naturwissenschaftlicher Arbeit hohen Rangs zum Verständnis der Gesellschaft zu gelangen. Vielleicht ergab sich ein solcher Fall gerade in der Biologie, weil sie in hohem Grad zu einer Zusammenarbeit wesentlicher Gebiete der modernen Naturwissenschaften vorgedrungen ist. Aus der Integration von Biologie, Physik und Chemie entstand offensichtlich eine Häufung der strittigen Probleme jeder der drei Grunddisziplinen, soweit sie unbedingt philosophische Fundierung benötigen. Offensichtlich empfand Monod intensiver als mancher andere, daß es sich um Fragen handelt, die gemeinsam Natur und Gesellschaft betreffen. In dem Versuch, die Gemeinsamkeit der Gesetzmäßigkeiten zu untersuchen, entstand aus dem Vordringen bis in die molekulare Grundlage jedes Lebens das unabdingbare Bedürfnis, bis in die höchstentwickelten Resultate des biologischen Geschehens zu verfolgen, wie sich dort die äußerst merkwürdigen Beziehungsgefüge auswirken, die die Entwicklung von der anorganischen Materie zur organischen zu verstehen gestatten. Gleichsam exemplarisch läßt sich erkennen, in welchem Umfang philosophisches Denken in jeden Erkenntnisprozeß eingreift *und* das Entscheiden im politischen Handeln beeinflußt.

Dialektische Biologie und metaphysische Gesellschaftsauffassung

Ob die Naturwissenschaften irgend etwas mit philosophischem Denken zu tun haben, wird von der Antike bis zur Gegenwart recht verschieden beantwortet. Die unterschiedlichsten Positionen lassen sich heute und in der Geschichte nachweisen. Soviel ist sicher, daß mehr oder minder das Verhältnis von Mensch und Natur stets irgendeine Berücksichtigung in den verschiedenen Bewußtseinsschichten gesellschaftsbezogener Ideologie finden mußte. In den ältesten und bekannt gewordenen Mythen und Religionen sind spekulative oder angeblich geoffenbarte Legenden über die Entstehung der Welt und der Erde enthalten, die eine Erklärung für die Existenz der Menschen zu geben versuchen, die Natur mit ihren Pflanzen und Tieren einbeziehen, sogar die Götter aus dem Prozeß des Werdens nicht ausnehmen. In der griechischen wie in der germanischen Sage setzen sich die herrschenden Göttergestalten erst nach einer Folge von Kämpfen durch. Weltanfang und Weltende verbinden sich auf der Stufe des Mythos schon mit der Vorstellung der Ewigkeit von einem Etwas wie Materie oder von Schöpfung und ihrem letztlichen Untergang.

Mit dem Beginn philosophischen Denkens wird die Natur zum Gegenstand der Anfänge und ersten Spuren von Wissenschaft. Vor mehr als zweitausend Jahren bilden sich die Richtungen Demokrits (geboren zwischen 470 und 460 v. u. Z. in dem thrakischen Abdera und Lehrer eines auf die Existenz von Atomen begründeten Materialismus) und Platons heraus (um 470 geboren in Athen, ebendort gestorben 347 v. u. Z., Primat der Ideen im Höhlenbeispiel, materielle Welt unvollkommene Wiedergabe der ewigen Ideen, Unerkennbarkeit der Welt und Agnostizismus, Lehre von der Weltseele, Bevorzugung der Mathematik vor den empirischen Wissenschaften). Lenin konnte am Anfang des 20. Jahrhunderts feststellen: „Die neueste Philosophie ist genauso parteilich wie die vor zweitausend Jahren. Die kämpfenden Parteien sind dem Wesen der Sache nach ... der Materialismus und der Idealismus.“ [1] Der zu dieser Untersuchung veranlassende Grund war die Behauptung, die moderne Physik und die fortschreitende Mathematisierung verschiedener Wissenschaften sowie das

Entstehen formallogisch begründeter Methodologie machten Wissenschaft überhaupt weltanschauungsfrei. Anfang der zwanziger Jahre dehnt Karl Mannheim diese Vorstellung von Mathematikern und Physikern auf die Lehre von der Gesellschaft aus und setzt als ihr Ziel die Freiheit von Ideologie. In den sechziger Jahren erneuert sich auf beiden Gebieten diese Tendenz. Das Godesberger Programm der westdeutschen Sozialdemokratie erweitert die vorgegebene Vorstellung zu der Annahme, es sei überhaupt völlig unerheblich, was für eine weltanschauliche Position jemand einnehme. Vom Standpunkt des Marxismus-Leninismus aus gründet sich eine erfolgreiche Politik der Arbeiterklasse auf ein bestimmtes weltanschauliches Fundament, den dialektischen und historischen Materialismus.

In einem kürzlich erschienenen Buch des Nobelpreisträgers 1965 Jacques Monod (Nobelpreis für Physiologie und Medizin zusammen mit F. Jacob und A. Lwoff) über Zufall und Notwendigkeit, einem Essay über die Naturphilosophie der modernen Biologie,[2] ergibt sich wörtlich und aus dem Inhalt, daß naturwissenschaftliche Arbeit auf die Notwendigkeit philosophischer Überlegungen führe und einen philosophischen Entscheid zur Grundlage habe, darüber hinaus aber Bedeutung für Erkennen und Handeln in der Gesellschaft besitze und von dieser ebenfalls beeinflußt werde. Monod meint, bisher habe vorwiegend die Gesellschaft auf die Philosophie eingewirkt, es sei an der Zeit, das Verhältnis umzukehren und von der Objektivität der Naturwissenschaften auszugehen. Anerkennt Monod die Bedeutung des Philosophischen für das Herangehen an die Naturerscheinungen, so neigt er der Strömung zu, die für das Erkennen und Handeln in der Gesellschaft eine auf die Naturerkenntnis gegründete neutralistische Haltung bevorzugt. Monod belegt ausdrücklich, daß der dialektische und historische Materialismus abgelehnt werden solle. Insofern antikommunistisch, dehnt Monod seinen Angriff aber auf alle Weltanschauungen und Religionen aus, die er als animistisch bezeichnet, und von Platon bis Hegel und Marx reichen läßt. Demokrit und Albert Camus sind hingegen als Protagonisten seiner eigenen Weltanschauung aufgefaßt.[3] Aus dem antiken Materialismus stammt die Einsicht von der Einheit des Zufälligen und des Notwendigen.[4]

Aus dem „Mythos des Sisyphos“ des Albert Camus stammt eine Modifikation Demokrits, nach der das Leben als Folge zusammenhangloser Handlungen aufzufassen sei, das Menschliche nur im Menschlichen seinen Ursprung besitze. Die Nacht habe kein Ende. Es gelte, eine höhere Treue zu lehren, „die die Götter leugnet und die Steine bewegt“[5].

Gleichsam exemplarisch demonstriert Jacques Monod, wie sich für den Wissenschaftler aus einem Sachverhalt seines Arbeitsgebietes die Auseinandersetzung mit philosophischen Fragen aufdrängt. In der modernen Biologie erneuert sich der Satz des Demokrit und gewinnt eine beträchtliche Tragweite. Die von Gregor Mendel entdeckten Vererbungsgesetze[6] belegten eine strenge Regelmäßigkeit, die sich statistisch durchsetzt, aber eine mechanistische Determination bei der Weitergabe von Merkmalen zur Voraussetzung hat. Um 1900 bildete sich der Begriff sprunghafter Veränderungen des genetischen Materials für Vorgänge, die als Mutationen bezeichnet wurden. Michail Wladimirowitsch Wolkenstein verwies auf die generelle Bedingtheit des Entstehens von molekularem Code und der Notwendigkeit der Mutationen als Gegenwirkung auf die Struktur des Wassers, in dem das Leben entstanden ist.[7] Als Produkte des Zufalls aufgefaßt und nachgewiesen, erwiesen sie sich als die Lieferanten des der Evolution organischer Objekte zur Verfügung stehenden Materials, aus dem die Selektion das Brauchbare in neue Arten integriert, kleinere Veränderungen geringerer Tragweite zur Bildung von Unterarten und Rassen Anlaß sind. Inzwischen benutzen Medizin und Pharmakologie, Epidemiologie und damit die Seuchenbekämpfung diese Ergebnisse ebenso wie die Landwirtschaft. Über die Mutationen lassen sich in der Evolutionstheorie neue Beziehungen zwischen den verschiedenen Entwicklungszweigen der organischen Lebewesen auffinden. Die praktische Bedeutung ist wahrscheinlich gegenwärtig am wichtigsten für den industriellen Prozeß, durch den die Gesunderhaltung von Mensch und Tier durch Antibiotika und Chemotherapeutika zu betreiben ist. Die – statistisch verteilt – regelmäßig auftretenden Mutationen bei Bakterien, Kleinlebewesen und Viren verlangen vorbeugendes Experimentieren mit Mutationen, damit rechtzeitig für die Bevölkerung der Großstadt und des Landes passendes Serum und andere Heilmittel zur Verfügung gestellt werden können. Abgesehen von der wissenschaftlichen Seite der dabei auftretenden Probleme, ist die sittliche Verantwortung bei diesen Arbeiten beträchtlich. Mißbrauch ist möglich durch das Anwenden zufällig entstandener Mutanten für den Bakterienkrieg. Auf die gesellschaftliche Seite seiner Arbeit – die Vermeidung bestialischer Benutzung – hat der Biologe somit in noch höherem Umfang als der Atomphysiker zu achten.

Jacques Monod indes hat es in seiner mit dem Nobelpreis ausgezeichneten Entdeckung nicht mit Mutationen zu tun, sondern umgekehrt mit Regelungsvorgängen, in denen streng determinierte, nicht zufällige Prozesse ablaufen. An Monods Gruppe waren vorwiegend J.-P. Changeux, F. Jacob und J. Wyman beteiligt, wie aus Monods Angaben zu ersehen ist.[8] Es handelte sich um die Regelung der Synthese der Enzyme des „Laktose-Systems" in dem vorwiegend saprophytischen, harmlosen und unschädlichen Darmbakterium Escherichia coli, ein Vorgang, der nach Monod und durchaus zutreffend eine Negation der Negation in sich schließt. Sie veranlaßt aber nichts Neues, sondern identische Reproduktion bestimmter Proteine. Damit ist das Ergebnis weniger dialektisch bedingt als durch Boolesche Algebra und die Logik der Elektronenrechner.[9] Für Jacques Monod erhob sich die Frage, in welcher Weise der von den Mutationen repräsentierte Zufall und die strikte Notwendigkeit der Regelung erkenntnistheoretisch miteinander zu vereinbaren seien. Ähnliche Verbindung von Denkbestimmungen fand er in der Quantenphysik, der physiologischen Chemie und in gesellschaftlichen Vorgängen. Inzwischen gelang es 1969 Shapiro, Eron und Beckwith, reine lac-Operon-DNS zu isolieren.[10] Das Operon gehört zu der Kategorie der genetischen Informationseinheiten; deren materielle Existenz vollzieht sich gemeinsam mit der materiellen Existenz von Regulator-Gen, Repressor-Protein, dem Operator-Segment der DNS (Desoxyribonukleinsäure-Makromolekül), das wie die RNS (Ribonukleinsäure) aus Phosphorsäure, einer Kohlehydratkomponente und einer stickstoffhaltigen Ringverbindung besteht. DNS und RNS treten in kernhaltigen und kernlosen Zellen organischer Objekte als Träger von Informationseinheiten, Genen oder

Genkomplexen auf. DNS fungiert in Eukarionten oder kernhaltigen organischen Objekten, RNS in einem Teil der Prokarionten oder kernlosen organischen Objekte im Zusammenwirken mit dem Promotor-Segment der DNS und dem Induktor-Molekül, einem Galaktosid; ihre Funktion wurde zunächst begrifflich erschlossen. Allein die Beendigung der Protein-Synthese erwies sich ebenso wie die weitere Aufhellung der genannten Funktionseinheiten als noch lange nicht erschöpftes Forschungsgebiet. Mit dem Isolieren der lac-Operon-DNS war im Prinzip für alle organischen Lebewesen auch die Frage einer künstlichen gezielten Veränderung der Erbsubstanz gestellt, deren Möglichkeit übrigens Monod ablehnt,[11] und eventuell eine weitere Quelle therapeutischer Hilfe und eines bestialischen Mißbrauchs für Menschenzüchtung im Sinne von Aldous Huxleys „braver neuer Welt" erschlossen.[12] Für die Begriffe Zufall und Notwendigkeit gibt es bei Monod übrigens nicht die weiterreichende Zusammenfassung als Gesetz und Gesetzmäßigkeit, da in der herrschenden Ideologie imperialistischer Staaten häufig das Vorhandensein von Gesetzen in den empirischen Naturwissenschaften und erst recht in der Gesellschaft bestritten wird.

Bei dem Versuch, die Beziehungen von Zufall und Notwendigkeit in der Biologie zu untersuchen, sieht sich Monod veranlaßt, die Funktion dieser Denkbestimmungen in der Gesellschaft zu erörtern. Sein Ergebnis bestreitet das Vorhandensein notwendiger Entwicklung in der Gesellschaft, die als Produkt zusammenhangloser, zufälliger Handlungen aufgefaßt ist. Voraussagemöglichkeit des Übergangs von einer Ordnung zur anderen, vom Kapitalismus zum Sozialismus, wird rundweg abgelehnt. Da Monod von der Biologie her auf der Einheit der Welt in ihrer Materialität besteht, überträgt er die im Untersuchen von Prozessen der Molekularbiologie geprägten Überzeugungen teilweise auf die Gesellschaft, an die zu denken er während der Zugehörigkeit zur Résistance gelernt hatte, verfehlt aber den Gang der gesellschaftlichen Entwicklung. Innerhalb der biologischen Evolution erweisen sich die auf Zufall und Notwendigkeit reduzierten Sachverhalte als ausreichend, die Notwendigkeit nachzuweisen, in der die Selektion eine „meist aufsteigende Richtung"[13] und eine geordnete Entfaltung[14] durchsetzt. Selbstverständlich veranlassen die von Monod gewählten Schlüsselkategorien nicht allein, sich mit der Gesellschaft zu befassen. Eine dezidierte gesellschaftliche Position und die Problemlage der zweiten Hälfte des 20. Jahrhunderts veranlassen unausbleiblich eine Stellungnahme. In dem Geflecht philosophischer Bedingtheiten, die aus dem Fachgebiet hervorgehen, kommt Monod zu einer allgemeinen Erörterung, die es gestattet, den weltanschaulichen und erkenntnistheoretischen Komplexen nachzugehen. Sie sind auch für den dialektischen und historischen Materialismus von Interesse. Monod kommt schließlich zu dem Versuch, an die Stelle der von Marx begründeten Voraussage gesellschaftlicher Entwicklung und der ihr innewohnenden revolutionären Vorgänge eine auf den naturwissenschaftlichen Erkenntnisvorgang gegründete Ethik vorzuschlagen.

Ein beträchtlicher Katalog von Fragen wird von Monod angeschnitten und läßt sich in der Debatte der Klärung zuführen. In der Wechselbeziehung von Zufall und Notwendigkeit ergeben sich dialektische Sachverhalte, obwohl Monod ausdrücklich das Vorhandensein von Dialektik widerlegt zu haben meint. Die Gültigkeit jener Kategorien in Natur *und* Gesellschaft verweist auf die von dem Biologen nicht behandelten Themen, die die Funktion von Wahrscheinlichkeit in der Technik und der Voraussage vorwiegend produktionsorientierter Ereignisfelder betreffen. Den Leninisten ist damit ein Beleg gegeben, daß Dialektik in Natur *und* Gesellschaft im Sinne von Friedrich Engels[15] vorliegt. Monod widerlegt unbewußt und nebenbei die von Existentialismus und Neopositivismus genährte Vorstellung, Dialektik entstehe bestenfalls als Produkt des gesellschaftlichen Handelns, sei demnach nicht in den materiellen Sachverhalten der Natur und der Gesellschaft vorhanden, entstehe auch nicht in der Entwicklung beider Gebiete.

Daraus ergibt sich ein weiterer Komplex von Fragen. In der Frankfurter Schule bestreiten Jürgen Habermas und Alfred Schmidt das Vorhandensein einer Naturdialektik. Wird hingegen zugestanden, daß sie weltanschaulich und methodologisch zu berücksichtigen sei, fragt sich, ob sie im dialektischen oder im historischen Materialismus behandelt werden müßte. Mit Monod läßt sich zeigen, daß beide Arbeitsbereiche der marxistisch-leninistischen Philosophie zu gewinnen vermögen, wenn sie entsprechende Untersuchungen verwerten. Da sich in Natur und Gesellschaft solche Kategorien wie Zufall und Notwendigkeit und erst recht Gesetz und Gesetzmäßigkeit vorfinden, sie außerdem in Theorie und Handlung der sozialistischen und der kommunistischen Gesellschaft eingehen, dazu noch die ethische Verantwortung notwendig in Produktionspraxis, Forschung und erst recht im Klassenkampf zu berücksichtigen ist, lassen sich solche Fragen nicht nur als dialektisch-materialistisch oder als der materialistischen Geschichtsauffassung zugehörig ansehen. Das Verneinen der Naturdialektik geht bis auf den Austromarxismus zurück, bis auf Max Adler, und hat unter anderen Vorzeichen seine Fortsetzung bei Karl R. Popper gefunden.

Erfolgt eine getrennte Zuteilung der Gebiete an das eine oder andere Gebiet, dann erfolgt eine Verdopplung der gleichen Problemstellungen. Im historischen Materialismus finden dann Kategorien eine Behandlung, die sich auf Grund des anderen Gegenstandes, auf den sie bezogen sind, vermutlich nicht unerheblich von den im dialektischen Materialismus behandelten unterscheiden. Liegt aber eine gleichartige Behandlung vor, muß schließlich in jedem Falle in den Einzelwissenschaften ergründet werden, in welcher Weise sie auftreten, anwendbar sind oder im Verlaufe des Entstehens neuer Problemstellungen durch wissenschaftlichen, technischen und gesamtgesellschaftlichen Fortschritt eine erweiterte oder eingeengte Funktion gewinnen. Monod schlägt unter Verzicht auf Dialektik und vor allem auf historischen Materialismus vor, ein seinem Inhalt nach dialektisches Kategorienpaar auf Grund für den Typus anzuwendender Ethik aufzufassen und in der Gesellschaft im Gegensatz zur Biologie stringente Entwicklungsgesetze auszuschalten. Erfolgt eine Reduktion des Marxismus oder eines seiner Bestandteile bloß auf die Gesellschaft, dann ereignet sich teilweise der gleiche Fall, den Habermas für Naturwissenschaft und Technik vorsieht. Diese Gebiete oder wenigstens eines von ihnen bleibt der Vorstellung nach außerhalb der dialektischen Einheit der Welt. Das Verbinden von Basis und Überbau kann dann in einigen seiner wesentlichen Gesichtspunkte verloren gehen. Da aber der Fortschritt von Einzelwissenschaften und der Technik der Auswirkung nach in den verschiedenen Gesellschaftsformationen recht erheblich differieren kann, bleibt es keinesfalls gleichgültig, wie weit die Vertrautheit mit den in irgendeiner Disziplin erarbeiteten, bisher wenig oder gar nicht bekannten Gesetzen geht. Da nicht ohne weiteres erkennbar ist, ob die im dialektischen Materialismus vorgegebenen Denkbestimmungen wie in anderen Gebieten auch in dem neu erschlossenen Feld einer Einzelwissenschaft zum Tragen kommen und welche Gestalt sie angenommen haben, ist die Verbindung von Einzelwissenschaft und marxistisch-leninistischer Philosophie eine Quelle der Bereicherung für beide Seiten. Sie erweist sich als fruchtbar und gehört zur interdisziplinären Arbeit. In der Begegnung mit einer Reihe verschiedener Einzelwissenschaften entsteht nicht die Möglichkeit der Isolierung, da im Verständnis der Einheit der Welt die marxistisch-leninistische Philosophie keine besondere Gestalt für jede besondere Einzelwissenschaft annimmt. Im Gegenteil wird durch sie die gelegentliche Isolierung einzelner Disziplinen leichter durchbrochen und die interdisziplinäre Gemeinsamkeit im Unterschied hervorgehoben. Daraus gewinnt vornehmlich die dialektisch-materialistische Entwicklungstheorie. Der historische Materialismus gewinnt näheren Zugang zu den Disziplinen, die in die Entfaltung der Produktivkräfte eingehen, erwirbt sich Aspekte der Voraussage verschiedener Prozesse, durch die neue Möglichkeiten der konkreten Entfaltung materieller Produktivkräfte aufgetan werden. Seitens der Philosophie erwerben die Naturwissenschaften das Verständnis der Dialektik in den von ihnen benutzten Kategorien, zu denen ihr Charakter als gesellschaftliche Erscheinung ebenso gehört wie ihre eigene Entwicklung und die Verpflichtung ethischer Art gegenüber der Arbeiterklasse als der führenden Kraft im gesellschaftlichen Progreß.

Da sich die Querverbindungen zwischen den Natur- und den Gesellschaftswissenschaften bei zur gleichen Zeit zunehmender Spezialisierung vermehren, entsteht eine Gefährdung der wechselseitigen Kommunikation. In der sozialistischen Gesellschaft wird sie durch Gemeinschaftsarbeit im Rahmen und Auftrag der Planaufgaben konkret abgebaut und kann durch eine gemeinsame philosophische Grundlage nicht unbeträchtliche Förderung erfahren. Die in viele Schulen pluralistisch aufgefächerte Ideologie des Imperialismus erweist sich gemeinsam mit den von der auf Ausbeutung gegründeten Klassengesellschaft ausgehenden Effekten von anderer Wirkung. Wie sich an Jacques Monod ablesen läßt, äußert sich der Einfluß einiger Strömungen des spätbürgerlichen Denkens als Hindernis, so daß die im biologischen Fachgebiet entstehenden Ideen nicht hinreichend fruchten können. Nicht nur der Übergang zum Verständnis gesellschaftlicher Strukturen wird wesentlich erschwert; außerdem bricht in vollem Umfang in die naturwissenschaftliche Theorie und einige sich aufdrängende philosophisch materialistische und im Ansatz dialektische Erwägungen die aus der Entfremdung erzeugte spätbürgerliche *Lebensangst* ein. Damit aber ereignet sich eine andere Abgrenzung vom Verständnis der Gesellschaft. Weil Monod aus dem Versuch des Anwendens der dialektischen Kategorien Zufall und Notwendigkeit auf die Gesellschaft undialektische Folgerungen zieht, verschließt sich die Möglichkeit ihrer Ausnutzung im Erkenntnisprozeß und hinsichtlich des Handelns.

Gelegentlich versichert Monod, die Beziehung zu den Naturwissenschaften sei erst nachträglich in die Marxsche Gesellschaftslehre einbezogen worden, um den fälschlichen Anschein von Wissenschaftlichkeit zu erwecken. Damit wird der tatsächliche Sachverhalt umgekehrt. Für Marx und Engels besteht das Problem bei der Begründung ihrer Theorie in dem Nachweis und dem Entdecken gesellschaftlicher Gesetze. Sie sind als wesentliches Verhältnis definiert und, als dialektisch verstanden, gegen den vorherrschenden Mechanismus ebenso abgesetzt wie gegen den Idealismus einer bloßen Entfaltung innerhalb des Bewußtseins und der Sphäre der Ideen. Insofern dehnen sie den in den Naturwissenschaften lange zuvor verwendeten Begriff der Gesetzmäßigkeit auf gesellschaftliche Entwicklung aus, da eine Evolution der Naturobjekte bis dahin nur in Spuren erahnt, nicht nachgewiesen und mehr als gelegentliche Spekulation abgetan war. Zugleich erkennen sie, daß der Klassenkampf durch das Entstehen der Arbeiterklasse eine entscheidende materielle Entwicklungspotenz erhalten hat. Nicht minder beschäftigt sich aber Engels schon anfänglich (1843/44) mit dem Vorschlag quantitativer Erfassung des naturwissenschaftlichen Einflusses auf die Arbeitsproduktivität und den in der Industrieproduktion zu erzielenden Gewinn. Philosophisch-weltanschaulich, ökonomisch und für die sozialökonomische Entwicklung ist damit die Einheit der die verschiedenen Bereiche betreffenden Disziplinen schon vorbereitet. Aus dem Ablehnen des Mechanistischen im Materialismus und des Empirismus entsteht die Wertschätzung des theoretischen Denkens, aus dem in erster Linie die revolutionäre Praxis gewinnt, zugleich aber das Verständnis der materiellen Grundlagen der gesellschaftlichen Entwicklung.

Zwiespältiges Bewußtsein und Verzweiflung

Jacques Monod sucht eine objektive Position außerhalb der antagonistischen Gegensätze der Gesellschaft und glaubt, sie in den Wissenschaften zu finden. Aus der tatsächlichen Objektivität des wissenschaftlichen Fortschritts, dem absoluten Wachstum des Wissens entfernt der Forscher die aus der Gesellschaft stammenden Widersprüche der Weltanschauung, um sich dem Reflex der gleichen Widersprüche in der Ideologie des Imperialismus auszuliefern. Lukrez erklärte die Furcht als Grundlage der Religion und begründete den Atheismus auf dem Schrecken vor den Naturgewalten. Darauf beruhte die Meinung, es genüge, die den Menschen schädigende Natur unter Kontrolle zu bringen. Insofern vermochte das Selbstverständnis der entstehenden Naturwissenschaften zu der Überzeugung zu kommen, den herrschenden Religionen ihre wichtigste Grundlage zu entziehen. Die von der Entwicklung der Produktivkräfte ausgelöste Ambivalenz bewirkte eine Veränderung und Erschütterung der sozialökonomischen Struktur, die es im Ausgang der Antike und im Mittelalter, aber auch noch später gestattete, sichtbar werdende Widersprüche auf eine der Formen des gesellschaftlichen Bewußtseins und ihre Träger abzuleiten. Erst die Entdeckung der Gesellschaftsformationen durch Marx gestattete es, von dem Standpunkt der Arbeiterklasse aus diesen bis dahin von einer Ordnung zur anderen verewigten Zirkel zu durchbrechen. Hingegen auf dem Boden der Ausbeutungsgesellschaft bleibt den Wissenschaften die utopische Illusion der Selbstgenügsamkeit und einer autonomen Funktion. Aus der damit vollzogenen gesellschaftlichen Isolierung entsteht ein noch tieferer Verfall in spätbürgerliche Ideologie, der sich zusätzlich über die Resultate der Einzelwissenschaft zu rechtfertigen sucht.

Im Gegensatz zu Lukrez, der die Angst als gesellschaftliches Verhältnis zwischen Mensch und Natur auffaßte, hat Jacques Monod eine genetische Erklärung zur Hand. Angst gilt als ererbt, als durch Selektion erworbene, in der Physis des Menschen bedingte Eigenschaft. Aus ihr komme der Zwang, den Sinn des Daseins zu erforschen.[16] Aus gesellschaftlichen Erscheinungen werden Mythen, Religionen, Philosophien und Wissenschaft zu Rückäußerungen auf die von Monod vorausgesetzte Urangst. Mit ihr gekoppelt, genüge die Voraussetzung eines Zwangs zur Erklärung, um ihr Entstehen zu erklären. Im Gegensatz zu den gesellschaftlich lebenden Insekten ist den gesellschaftlichen Institutionen des Menschen zuerkannt, rein kulturbedingt zu sein, womit dem insektenhaften Automatismus zu entgehen war.[17] Da Monod nach Erklärung sucht und die Bedeutung der Beschreibung unterschätzt, verabsäumt er, menschliche Gesellschaft auf der Grundlage des Unterschieds zu insektenhafter Betriebsamkeit zu untersuchen, und verfehlt die Werkzeuge und Produktionsinstrumente, die die Selektion durch Natur und die Funktionsfähigkeit des Organismus selbst ausweiten und qualitativ verändern. Unbestritten ist, daß sich im homo sapiens Eigenschaften genetisch fixiert haben, die der menschlichen Lebensweise günstig sind. Aus der von Monod angenommenen Kopplung von Angst, Erklärungsbedürfnis und dem Suchen nach einem Sinn des Daseins ergeben sich die psychischen Voraussetzungen des Versuchs, gesellschaftliche Erscheinungen darzustellen. Unabhängig von den wissenschaftlichen Ergebnissen der Genetik versagt sich Monod „der Praxis"[18] der menschlichen Gesellschaft.

Um unterscheiden zu können, welche Eigenschaften des Menschen genetisch fixiert und welche im gesellschaftlichen Lebensprozeß erworben sind, bedarf es experimenteller Abklärung. Der Einfluß jener von Monod erwähnten Praxis ist doppelt definiert: einmal als Reichtum schaffende Anwendung der Wissenschaft, zum anderen als wissenschaftlicher Fortschrittsglaube des 19. Jahrhunderts.[19] Der Wissenschaft ist – ohne Beachtung der Veränderung der Gesellschaftsformation und des Entstehens des Kapitalismus – allein das Schaffen neuer Möglichkeiten zugeschrieben. Der sichtbar gewordene Zwiespalt zwischen faktischer Wirkung auf die Gesellschaft und dem Forschungsergebnis wird von Monod als ausschließliche Folge ungenügender Bewältigung im Geiste deklariert. Das Entstehen von Wissenschaft im Zeitraum zwischen dem 16. und dem 19. Jahrhundert gilt als spontaner Akt. Das allgemeine gesellschaftliche Bewußtsein ist als uniform aufgefaßt. Weder das überlieferte Bewußtsein aus älterer Ordnung noch das sich herausbildende sind voneinander unterschieden. Die Annahme einer Autonomie der Wissenschaft ist so weit getrieben, daß einfach behauptet wird, der „Geist der Menschen"[20] habe sich die von ihr betriebene Praxis nicht angeeignet, obwohl die Wissenschaft in drei Jahrhunderten ihren Platz erobert habe und inzwischen die moderne Gesellschaft auf der Grundlage der Wissenschaft errichtet sei. Die Entscheidung für eine wissenschaftliche Praxis habe die menschliche Gesellschaft ebenso auf eine Einbahnstraße gebracht, wie das eine genetische Fixierung erzwinge.

Erstaunlicherweise empfiehlt Monod gleichsam unter der Hand, den Prozeß der Anwendung tunlichst rückgängig zu machen. Der Entscheid für die Praxis sei unbewußt vollzogen worden; besser wäre es gewesen, wenn man diesen Weg nicht beschritten hätte. Mit anderen Worten: die Wissenschaften hätten sich davor hüten sollen, irgendeinen Einfluß auf die Gesellschaft auszuüben. Offensichtlich trennt Monod gesellschaftliche Tätigkeit vollständig vom Denken *und* von der genetischen Grundlage des homo sapiens und seiner Vorgänger. Die durch Instrumente vermittelte Auseinandersetzung der menschlichen Gesellschaft mit der Natur ist nicht reflektiert. Angenommen, es handele sich um ein Versagen der Seele oder des Geistes, dann wäre ein derartiges Geschehen als Schuld der Menschen aufzufassen, und jede Einwirkung der gesellschaftlichen Beziehungen entfiele. Einer derartigen Konzeption entsprechen spätbürgerliche Ansichten, die die Gesellschaft als zusammenhangloses Aggregat verstehen wollen. Ohne eine Theorie der gesamten gesellschaftlichen Erscheinungen, wie sie Marx begründete, muß spätbürgerliche Ideologie bei jeder wichtig erscheinenden Einzelfrage scheitern; Monod faßt „Praxis" und ihre Folgen als

Resultat eines *unbewußten* Entscheides auf. Engels und Marx sprachen von dem Durchsetzen gesellschaftlicher Gesetze *hinter dem Rücken* der Beteiligten. Monod faßt aber das sogenannte Versagen der Seele als bloßen Mangel menschlicher Leistung auf und sieht in der Gesellschaft weder eine positive noch eine negative Rückkopplung von der materiellen Struktur der Gesellschaft auf die gesellschaftlichen Individuen. Da Monod die von ihm und seiner Gruppe entdeckten Vorgänge der Regelung als mikroskopische Kybernetik bezeichnet, mit der die funktionelle Kohärenz der zellulären Maschinerie[21] erhellt werde, ist zunächst festzustellen, daß in der Gesellschaft die Wechselbeziehungen vernachlässigt sind. Im biologischen Geschehen ist der starre, konservative Charakter der Regelung unterstrichen. Da die Veränderungen in der Gesellschaft nicht in ein konservativ verstandenes Schema passen, soll reiner Subjektivismus genügen. Dem mechanischen Materialismus in der Naturwissenschaft entspricht bei Monod eine Art von philosophischem Idealismus, der die Menschen als denkende Klötzchen ohne gesellschaftliche Beziehungen auffaßt, die, wenn sie wollten, allein durch den Geist leben könnten.

Für die frühen Stadien der biologischen Entwicklung des Menschen ist Monod der gesellschaftliche Charakter als Grund für das Überleben plausibel, soweit es sich um Stamm und Horde handelt[22], ebenso Gemeinschaftsarbeit zum Zweck des Erhaltens wissenschaftlicher Resultate. Die innere Verbindung in der gesellschaftlichen Wirklichkeit ist bloß dort unterbrochen, wo es sich um Kapitalismus und Sozialismus handelt.

Monod faßt die ihm begegnende Gesellschaft als „eisige verlorene Welt“[23] auf. Anstelle einer wunderbaren Entfaltung der Menschheit als Traum des 19. Jahrhunderts gähne ein finsterer Abgrund.[24] Frühere Gesellschaften hätten keine ähnliche Zerrissenheit erlebt.[25] Ursache sei die gefährliche Verquickung (im französischen Text: dangereux amalgame) von Wertkategorien und Erkenntniskategorien.[26] Als anderer Grund ist angeboten: aus den Wissenschaften sei nach vielen Tausenden von Jahren „die Idee der objektiven Erkenntnis als der einzigen Quelle authentischer Wahrheit im Reiche der Ideen“[27] hervorgegangen. Das aber habe die angeborene

Angst nicht beruhigt, sondern im Gegenteil die Angst aufs höchste gesteigert.[28] Diese Idee sei nicht akzeptiert worden, sondern habe sich nur auf Grund ihrer erstaunlichen Leistungsfähigkeit durchgesetzt.[29] Ohne jetzt schon auf die erkenntnistheoretische Seite des Erklärungsversuchs eingehen zu wollen, sei festgehalten, daß Philosophie und Wissenschaft alle jene Erscheinungen gemeinsam angelastet bekommen, die sich in Monods eigenem Bewußtsein analog der spätbürgerlichen Ideologie aufsteigern.

Im 19. Jahrhundert gipfelte im kapitalistischen Bewußtsein ein unbegrenzter Fortschrittsglauben, der an Bacon und Descartes anknüpft, die gesellschaftliche Widersprüchlichkeit nicht sieht, obwohl auch in der bürgerlichen Ideologie pessimistische Momente Eingang finden. Kierkegaard und konservativ-feudalistische Theoretiker lassen den Einfluß des inzwischen einsetzenden kapitalistischen Krisenzyklus erkennen. Um 1843 entsteht durch Marx und Engels eine Analyse der kapitalistischen Warengesellschaft, die deren Fetischcharakter aufdeckt. Damals wies die Bourgeoisie jede Mahnung daran zurück, daß die Existenzweise der bürgerlichen Gesellschaft eine vorübergehende Erscheinung ist. Der Existentialismus konnte später innerhalb der bürgerlichen Eigentumsverhältnisse den auf Kierkegaard neu begründeten Pessimismus beheimaten und ihn auf eine angeblich irrtümliche Befindlichkeit des Menschen schlechthin gründen. Im Unterschied zu jenen Strömungen gibt Monod eine Begründung im materiellen Substrat der Chromosomen und Chromosomen-Äquivalente, auf die er den Zustand des Geistes zurückführt. Das Verfahren ist mechanisch-materialistisch, aber ohne gesamtgesellschaftliche Theorie. Gleichsam mit blutendem Herzen nimmt der Naturwissenschaftler Monod die Schuld aller Wissenschaften auf sich, da ihn der Fetischcharakter der kapitalistischen Warenwirtschaft selbst anrührt. Die kapitalistische Gesellschaft macht ihre Bürger geistig heimatlos. Monod empfindet totale Verlassenheit und radikale Fremdheit. Er glaubt du wissen, der Mensch habe seinen Platz wie ein Zigeuner am Rande des Universums[30], das „für seine Musik taub ist und gleichgültig gegen seine Hoffnungen, Leiden und Verbrechen“[31]. Unbestreitbar sucht Monod mit seinem Atheismus Ernst zu machen. Die Natur ist nicht mehr wie in der Aufklärung des 18. Jahrhunderts zur großen Mutter aufgesteigert. Das Universum ist entpersönlicht. In der Welt der Teilchen und Felder gibt es ebensowenig einen Gott wie eine polytheistische Sammlung überirdischer Gestalten. Auch in den Zwischenräumen zwischen den Atomen, die Demokrit ironisch den Göttern anwies, bleibt kein Platz. Auf Hilfe aus einer anderen, nichtmateriellen Welt bleibt keine Hoffnung. Ausflüchte solcher Art sind aus Monods Weltbild radikal ausgeräumt. Von den Ergebnissen einer sich stürmisch entwickelnden Biologie aus dem Schlummer geweckt, entsteht eine Ideologie der Zerrissenheit, die für den Kapitalismus immerhin die Funktion besitzt, über Eigentumsverhältnisse und Klassenauseinandersetzungen zu schweigen. Da es sich im Effekt und im totalen Gegensatz zum Beabsichtigten um eine Selbstbeschuldigung der Wissenschaftler handelt, ist für den gegebenen Fall der Sündenbock gleich zur Hand.

Die von Monod gewählten Vergleiche und Eindrücke sind frappierend irrationalistisch. Sie kontrastieren mit der horrenden naturwissenschaftlichen Solidarität und dem ernsthaften Bemühen auch erkenntnistheoretischer Abklärung der in der modernen Biologie auftretenden Kategorien. Allein die Absage an den Vitalismus des Fachgebietes, an die Welt der Entelechien, die Driesch und Bergson bemühten, erzeugt die Vorstellung, sich an einem Abgrund zu befinden. Weil das Universum und die Einzelwissenschaft nicht auf die Sehnsüchte der Individuen Antwort geben kann, breitet sich Verzweiflung aus, weil der Halt konventioneller Gedankeninstitutionen verfallen ist. Monod sieht sich auf eine Stellung zurückgeworfen, in der die Menschen zu begreifen beginnen, daß die Angelegenheiten dieser Welt ihre eigene Sache sind. Macht sich aber der Mensch zum Herrn der Werte, „dann scheinen sie sich in der gleichgültigen Weite des Universums aufzulösen".[32] Deshalb wende sich der moderne Mensch von der Wissenschaft ab oder vielmehr gegen sie. Er könne jetzt deren „schreckliche Zerstörungskraft ermessen, die sich nicht nur gegen den Leib, sondern gerade gegen den Geist" richte.[33] Trotzdem lebe die moderne Gesellschaft von der Wissenschaft wie ein Süchtiger von der Droge und sei von ihr abhängig.[34]

Im Unterschied zu früherem Bemühen um Wissenschaft erscheint die Situation des Wissenschaftlers der bürgerlichen

Gesellschaft total verändert. Die Tradition der an Demokrit und Epikur in letzter Instanz orientierten Naturwissenschaften einer Periode von mehr als 2000 Jahren verband mit ihrem Materialismus in der Regel im Gegensatz zu der herrschenden von der Religion bestimmten Ideologie einen Optimismus, der sich häufig mit sozialrevolutionären Bewegungen verband oder wenigstens entsprechende Kontakte aufnahm. Der Pessimismus richtete sich gegen das herrschende Bewußtsein, nicht aber auf die Elemente der entstehenden Wissenschaften und nicht gegen ihre Anwendung in der Technik. Damit war die Voraussetzung gegeben, sich nach den gegebenen Möglichkeiten in die Gesellschaft zu integrieren, wenn auch der Fortschritt meist unhistorisch verstanden wurde. Die von Monod gemeinte „Praxis" ist Anwendung und damit vorwiegend Technik, materiell verstanden als materielle Produktivkraft. Über sie soll sich die schreckliche Zerstörungskraft gegen den Geist richten, eine Formel für das gesellschaftliche Bewußtsein, von dem niemand ausgenommen sei. Was in mancher Analyse fehlt, sind die Produktionsverhältnisse. Werden sie nicht beachtet oder vernachlässigt, dann empfindet sich das betroffene gesellschaftliche Subjekt als jener Zigeuner, dem der spirituelle, religiöse Halt im eigenen Bewußtsein genommen ist. Auf der Suche nach Ideologiefreiheit im Rahmen der Einzelwissenschaft und mit dem Bewußtsein einer nicht unbeträchtlichen Rolle von Philosophie und damit von Weltanschauung kommt Monod zu einem Verriß des sogenannten Animismus, mit dem er reinen Tisch zu machen sucht, wobei er in eine andere Variante bürgerlicher Ideologie gerät. Er schreibt in der tiefen Verzweiflung gegenüber einer Ambivalenz der Wissenschaft, deren Gründe er gerade in deren Verwirklichung in der Gesellschaft zu sehen meint, die Binsenweisheit nieder: „Von Plato bis Whitehead, von Heraklit bis Hegel und Marx liegt es offen zutage, daß diese metaphysischen Erkenntnistheorien immer eng mit den moralischen und politischen Ideen ihrer Urheber verbunden waren."[35] Gemeint sind „wissenschaftsgläubige Ideologien"[36], die Ziele und Zwecke der Natur oder Gesellschaft, immanent oder dualistisch, neben die materielle Welt stellten. Kurz als Teleologie definiert, sind auch solche Zwecke und Ziele abgelehnt, die innerweltlich begründbar und deren Verwirklichung möglich erscheint. *Daß* es in der Welt Zufall gibt, ist für Monod Grund genug, radikal zu bestreiten, es könnten überhaupt von Menschen gesetzte Projekte realisiert werden. Der Biologe Monod sieht in der Gesellschaft ausschließlich so etwas wie eine „abstoßende Mischung" unverdaulicher Bestandteile.[37]

Als Entwicklungstheoretiker und Materialist vermag Monod auf Grund des Fehlens von Dialektik und historischem Materialismus den Schock, den er vor der gesellschaftlichen Wirklichkeit empfindet, in der zwei Ordnungen miteinander ringen und die sozialistischen Länder sich gefestigt haben, nur mit ethischem Appell und Verzicht auf die Gesellschaft zu beantworten. Unter Verzicht auf Religion und den gesellschaftlichen Nutzen der Wissenschaft sind Fortschritt und Nutzenkriterien grundsätzlich verdächtig und ist der Mensch dem hingegeben, was Monod als „moralische Angst"[38] bezeichnet.

Marx und Engels gegen das fetischisierte Bewußtsein

Karl Marx und Friedrich Engels setzten sich in der „Heiligen Familie" unter anderem gerade mit dieser wiederbelebten Position auseinander. Gegen Bruno Bauer schrieben sie 1844/45: „Oder glaubt die kritische Kritik, in der Erkenntnis der geschichtlichen Wirklichkeit auch nur zum *Anfang* gekommen zu sein, solange sie das theoretische und praktische Verhalten des Menschen zur Natur, die Naturwissenschaft und die Industrie, aus der geschichtlichen Bewegung ausschließt? Oder meint sie irgendeine Periode in der Tat schon erkannt zu haben, ohne z. B. die Industrie dieser Periode, die unmittelbare Produktionsweise des Lebens selbst, erkannt zu haben?"[39] Zur weiteren Untersuchung der Gesellschaft gehört mehr als das Beachten der genannten Momente. Von Anfang an verfehlt Jacques Monod aus dem gegen Bauer vorgebrachten Katalog das praktische Verhalten des Menschen zur Natur und die Industrie sowie die unmittelbare Produktionsweise der Menschen, aus der sich dann die Besitzverhältnisse, die Position der Klassen, die Funktion der Institutionen, des Staates, des herrschenden Bewußtseins und der revolutionären Ideen und ihrer Träger ergeben. Die Wissenschaft repräsentiert unter den genannten Sachverhalten ein Moment, das sich aus der Veränderung der unmittelbaren Produktionsweise der Menschen und seit dem Ausgang des Mittelalters unter dem Einfluß politischer und geographischer Tatsachen ausbildete, die jedenfalls nicht als völlig unerheblich anzusehen sind. Eine der Folgen des Übergangs von der Natural- zur kapitalistischen Marktwirtschaft ist der wechselnd schnelle Anstieg der wissenschaftlichen Aktivität, wobei nicht zu verkennen ist, daß die aus der Manufaktur entstehende Industrie noch im 20. Jahrhundert empirische Erkenntnisse neben den sehr spät gereiften technischen Wissenschaften benutzt.

Der von Monod massiv vorgebrachte Einwand, jene Philosophien von Platon bis Marx hätten Erkenntnistheorien entworfen, die von vornherein von ihren moralischen und politischen Ideen geprägt wurden, trifft den Sachverhalt ausgezeichnet, entbehrt jedoch der Originalität. Nur durch das Rückprojizieren der Illusion völlig interessenfreier Forschung auf die Vergangenheit läßt sich ein solcher Vergleich vorbringen. Als Repräsentanten von Richtungen, die in ihrer Zeit vorhanden waren und durch sie selbst zum Teil in veränderte Bahnen gebracht wurden, vermochten sie das auf sie gekommene Gedankengut zu verarbeiten und neue Ideen zu formulieren, die dann ihrerseits gesellschaftliche Wirkung erzeugten. Das Eliminieren von vorgängig vorhandener Moral und politischen Haltungen schafft im Prozeß der gesellschaftlichen Entwicklung keine neutralistische Position, da sie unmittelbar auf die alte Ordnung orientiert, der Neutralismus selbst ein Bestandteil von Ideologie werden kann, jedenfalls keine absolute Objektivität bedeutet. „Objektiv" wird in der Geschichte ein Standpunkt nur dann, wenn er bestimmte Entwicklungen unterstützt, die über den vorangegangenen Standpunkt hinausführen. Denkbar und in der Geschichte nachweisbar ist, daß sich oft erst hinterher herausstellt, welche Richtungen diese objektive Entwicklungsposition besessen haben.

Demokrit kam erst nach einer Karenzzeit von mehr als anderthalb Jahrtausenden wieder zum Tragen. Modifikationen der Philosophie Platons verstand das Mittelalter als progressives Denken, das sich gegen Religion und für empirische Naturerkenntnis einsetzen lasse, außerdem antidualistisch sei und eine materielle Einheit der Welt anzunehmen verlange.

Die materialistische These von der Ewigkeit der Materie wurde nicht nur von Aristoteles, sondern auch von Platon abgeleitet. Sie wurden unter bestimmten Konstellationen der gesellschaftlichen Entwicklung in einer doppelten Funktion benutzt, nämlich als Gewährsmänner der herrschenden Religion *und* von die Wiederaufnahme Demokrits vorbereitenden Ideen, womit sich Lenins Verweis auf die beiden kämpfenden Parteien und ihre entschiedene Parteilichkeit auch unter komplizierten ideologischen Bedingungen totaler religiöser Überformung bestätigt. Die Annahme einer von Politik freien Gesellschaft, wie sie Monod sich wünscht, ist illusionär, weil gesellschaftliche Entwicklung und, schärfer formuliert, auch jeder gesellschaftliche Zustand ein politisches Faktum bedeutet, Politik und Gesellschaft identisch sind. Es fragt sich bloß, ob das Politische eingestanden oder verschleiert wird. Die von Monod kritisierten Philosophen und ihnen zugehörige Lehren sind indes in ihrem Selbstverständnis politisch. Eine andere Frage ist, ob diese Strömungen die aus ihnen später zu ziehenden Konsequenzen voraussehen. Was Monod als „Animismus" bezeichnet, ist jedenfalls kein Merkmal, das sich durch eine andere Denkweise ausschließen ließe. Nicht das politische Verhalten als solches ist verwerflich, wie Monod annimmt, sondern das Beharren auf überholten Positionen, die sich im Klassenkampf herausbilden und entweder an politischem Wert gewinnen oder verlieren. Da das Politische einen Stellenwert in den gesellschaftlichen Auseinandersetzungen hat und Monod den Einfluß des Politischen auf Religion, Philosophie und Wissenschaft durchaus zutreffend in Rechnung setzt, wäre zu begründen, warum das Politische wegfallen sollte. Unter dem Begriff des Animismus, den Monod prägt, ist die Dialektik zwischen der gesamten Gesellschaft in ihrem Werden und den einzelnen wesentlichen Erscheinungen der Gesellschaft angesprochen und verworfen. Die Geschichte erfährt aus einem in der bürgerlichen Gesellschaft entstandenen Ekel eine Absage, die ihre Existenz nicht auslöscht, auch nicht die andere Tatsache, daß das Gegenwärtige auf dem Vergangenen aufbaut. Die von Monod gesuchte Objektivität, die sich, von den Wissenschaften ausgehend, auf die Gesellschaft auswirken soll, realisiert sich in der Entwicklung des Sozialismus von der Utopie zur Wissenschaft. Da jede Objektivität an der materiellen Wirklichkeit getestet wird und sich an dieser zu bewähren hat, entspricht der Objektivität in den Naturwissenschaften die Bestätigung im Experiment und in der Industrie oder der Agrikultur beliebiger Anwendungshöhe. In der Verselbständigung der technischen Wissenschaften[40] bedeutet Objektivität die Erweiterung des empirischen Kriteriums von Experiment und Industrie durch solche die Technik und die Arbeitsorganisation betreffenden Gesetze. Wissenschaftliche Objektivität bedeutet stets in irgendeiner Art Parteilichkeit für den von Monod perhorreszierten Fortschritt, der die Beseitigung und Aufhebung der Ambivalenzen durch den gesellschaftlichen Progreß verlangt. Das Politische der Gegenwart verlangt von den Wissenschaftlern eine intensivere Berücksichtigung der Verbindung von Klassenmoral und Politik.

Monod diagnostiziert in der Gegenwart eine noch nie dagewesene *Zerrissenheit*, die er *in das Bewußtsein verlegt*, das in der geschichtlichen Wirklichkeit in der Sprache der „Heiligen Familie" noch nicht einmal bis zum Anfang gekommen ist. Von *Marx* als Folge des *Fetischcharakters der kapitalistischen Warenwirtschaft* verstanden, folgt die Zerrissenheit des Bewußtseins aus „dem eigentümlichen gesellschaftlichen Charakter der Arbeit, welche Waren produziert".[41] Warenproduktion setzt gesellschaftlichen Zusammenhang der Warenproduzenten durch den Austausch und gleichsam eine Individualisierung der einzelnen Ware voraus, die im Kapitalismus für den Markt und einen abstrakten Produzenten erzeugt wird. Im Vergleich zur Naturalwirtschaft ist Produzent wie Produkt von den anderen Produzenten und Produkten isoliert und erfährt erst nachträglich auf dem Markt die Bestätigung, ob sich der Gebrauchswert und der Tauschwert des Produkts realisieren läßt. Die Produktionsverhältnisse sind im Vergleich zu früheren Ordnungen undurchsichtiger. Hat Monod die Vorstellung, die früher durch die Religion gegebene Sicherheit des Menschen sei zerbrochen, so erläutert Marx, ein solches Gefühl alter Geborgenheit beruhe auf der damaligen Unreife des individuellen Menschen.[42] Von der Nabelschnur des natürlichen Gattungszusammenhangs losgerissen, entsteht das Gefühl der Entfremdung[43], der Isolierung von der Welt gesellschaftlicher Erscheinungen, genährt durch die Aversion gegen, die wissenschaftliche Zivilisation, die massiv verstärkt wird durch Bombe, Zerstörung der Natur und eine von Monod wie in der bürgerlichen Gesellschaft ebenso als bedrohlich empfundene Bevölkerungsentwicklung.[44]

Nebeneinander wirken objektive Momente der kapitalistischen Warengesellschaft und andere Erscheinungen, die wie die Gefahr eines Atomkrieges oder Bakterienkrieges auf unmittelbare Abhilfe drängen. Die vermittelten Herrschafts- und Knechtschaftsverhältnisse und der weitfächigere Zusammenhang über nur unbestimmt herstellbare Beziehungen der arbeitsteiligen isolierten Warenproduzenten des Kapitalismus erzeugen ein Bewußtsein des Verlustes der ursprünglichen Beziehungen von stabilen, aber sich auch nur langfristig entwickelnden Gesellschaften. Das direkte Abhängigkeitsverhältnis alter Gesellschaften prägt sich unmittelbar ein. An den Fernhandel knüpfen sich in der Antike Legenden wie die von Jason und Medea. Das Ziel der Kauffahrteischiffe, die Eisen und Gold produzierende Landschaft des westlichen Kaukasusrandes, verschwamm im Mythos. Die zyklische und die durch die Oktoberrevolution ausgelöste allgemeine Krise des Kapitalismus verstärkte die anderen Erscheinungen der Entfremdung, die aus der sich hinter dem Rücken der Beteiligten vollziehenden unwillentlichen Selbstregulation hervorgeht. Da die kapitalistischen Regelungsversuche des Staatsapparates oft versagen, kommt dem bürgerlichen Individuum eine falsche Autonomie zum Bewußtsein, die das Gefühl von Angst und Haß vervielfältigt. Der materielle, gesellschaftliche Lebensprozeß behält nebeneinander das Reifen des Individuums *und* einen mystischen Nebelschleier. Illusionierend besitzt er einen anderen Ursprung als der frühere. *Monod* vermerkt gelegentlich *resignierend*, früher habe die antike Religion eine Bindung zur Natur hergestellt, die verständlich war, und zwar unabhängig davon, ob es sich um freundlich oder feindlich gesonnene Götter handelte. Nun sei das Band gerissen, „der alte Bund . . . zerbrochen“[45]. Die ökonomischen Gesetze des Kapitalismus setzen sich auch ohne und gegen staatliche Regulierung durch. Sie wirken über das allgemeine Äquivalent Geld und den Tauschwert, der in dem Gebrauchswert tragenden Produkt von keinem Chemiker auffindbar ist, wie es Marx nennt.[46] Gedanklich erschlossen, sind diese Gesetze materiell im Sinne des dialektischen und historischen Materialismus. Weil sie *nicht* im klassisch physikalischen Sinne materiell auffindbar sind, entziehen sie sich leicht dem bürgerlich geprägten Bewußtsein, da dieses die Nichtexistenz gesellschaftlicher Gesetze zum Axiom erhoben hat. In der Physik und in anderen Naturwissenschaften, wie der Biologie, ist auf Grund der durch die Technik erworbenen Autorität der Naturwissenschaften die Forderung der unmittelbaren Wahrnehmung längst aufgegeben. Teilchen und Felder gelten und sind materiell existierend, auch wenn sie bloß vielfältig vermittelt zu erschließen sind. Für das Widerspiegeln gesellschaftlicher Gesetze aber gibt es keine Wilsonkammer, Funken- oder Stromerkammer, aus denen die Photographie anderer exakt definierbarer Vorgänge den sicheren Schluß auf eines von mehreren hundert Teilchen und Antiteilchen gestattet. Empirische Beschreibungen, Statistiken und Resultate des Klassenkampfes haben ebenso ihre Funktion wie das Aufspüren geschichtlicher Veränderungen, die dann von der Theorie der Gesellschaftswissenschaften verarbeitet werden. Gelegentlich nennt Lenin den „Wert" eine Kategorie, die des Stoffes der Sinnlichkeit entbehrt, aber wahrer ist als ihr Gesetz von Angebot und Nachfrage.[47] Die materiellen Prozesse der Gesellschaft *müssen* dem bürgerlichen Individuum, soweit es von der herrschenden Ideologie beeinflußt ist, als magisch wirkende Entfremdungskomplexe gegenwärtig werden, weil sie wegdisputiert sind. Das Abstreiten des mystischen Nebelschleiers gelingt erst den im Sozialismus und Kommunismus frei vergesellschafteten Individuen.[48] Daß es sich dabei nicht um eine freie Erfindung von Marx handelt, resultiert aus dem *Bewußtseinszustand der bürgerlichen Gesellschaft*, für den die Umsetzung der Bevölkerung vom Land in die Stadt, das Vordringen und die Entfaltung der Industrie, Rationalisierung und Automatisierung, Befreiung von körperlicher Arbeit – wie physischer Schwerstarbeit –, partieller Einfluß von Einzelwissenschaften auf den Produktionsprozeß zu ebensovielen Anlässen bestürzten Unverständnisses werden. Der Verzicht auf das Untersuchen des gesellschaftlichen Lebensprozesses in seiner Totalität potenziert den Abscheu vor den einzelnen Momenten aus Basis und Überbau. Die Welt erscheint kalt und furchterregend, weil die kapitalistische Gesellschaftsordnung ihre Gesetzmäßigkeit demonstriert, während der Kosmos weder gut noch böse ist. Das vielberufene Universum erwies sich als materiell und existent, sehr anders, als es zunächst schien. Seine Gesetze erschließen sich der astrophysikalischen Forschung und enthüllen unvorhergesehene Eigenschaften, die sich durch Beobachtung, Experiment, Hypothese und Theorie erschließen. Vor allem erweist sich der Kosmos als materiell. Die Erde ist uns näher, und die Gesellschaft entwickelt Gesetze, die sich nicht aus den Naturwissenschaften ableiten lassen, wenn auch gemeinsame Kategorien nachweisbar sind, worüber noch zu diskutieren sein wird.

Der Fetischcharakter der kapitalistischen Warenwirtschaft macht die Menschen zu Sachen und begabt die Sachen mit dem gespenstischen Schein eigenen, gegen den Menschen gerichteten Willens. So reflektiert Monod einen seltsamen Vorgang, in dem sich der Atheismus des Gelehrten der bürgerlichen Gesellschaft als Verlust der Hoffnung erweist und aus dem Verzicht auf jede Jenseitserwartung das Gefühl kosmischer Kälte entsteht. An die Stelle des Jenseits sind innerweltliche Phantasmen getreten, die sich auf die Produkte der gesellschaftlichen Arbeit in spezieller und allgemeiner Gestalt beziehen. Die gesellschaftlichen Produkte des Menschen äußern sich in den Produktionsinstrumenten als vergegenständlichtes Resultat. Ohne das Beachten des gesellschaftlichen Zusammenhangs erscheinen sie tot *und* mit bösartigem Leben begabt, das sich als unverständiges Bewußtsein äußert, damit aber erst dem Mißbrauch der kapitalistischen Klasse Tür und Tor öffnet. Das Merkwürdige ist der Verzicht, das Vergegenständlichte als gesellschaftliches Produkt zu begreifen, mit dem sich der homo sapiens in dieser Welt einzurichten verstanden hat, es als gesellschaftliche Aufgabe zu begreifen. sich in *dieser* Welt humane Bedingungen zu schaffen. Als das der Gesellschaft und dem Individuum Entfremdete gilt jenes „Vergegenständlichte", das gleichbedeutend mit Anwendung der Wissenschaften und der Benutzung der Technik im allgemeinen geworden ist.

Wie gesagt, ist die Problemlage bereits von Marx und Engels gegen Bruno Bauer behandelt worden. Die „kritische Kritik" des 19. Jahrhunderts meinte in den Rückschritten und Kreisbewegungen der Gesellschaft, die als Folgen des beständigen Fortschritts auftraten, die Gegenwirkung der Masse erkennen zu können, wozu auch die sogenannte gebildete Welt gezählt wurde.[49] Aus Wissenschaft und technischem Fortschritt entsteht bei Jacques Monod der Gegensatz des Geistes und der Materie. Gegenüber wenigen auserwählten Individuen als dem aktiven Geist, der sich auf die objektive, nicht „animistische" Ethik zurückziehen möchte, wird die übrige Menschheit als die geistlose Masse funktionslos.[50]

Im radikalen Gegensatz zu seiner Gesellschaftsauffassung und der heftigen Abneigung gegen Friedrich Engels demonstriert der französische Molekularbiologe und Genetiker eine dialektisch begründete Evolutionstheorie, deren Kategorien ihn mindestens in gleichem Maße schockieren wie der bürgerliche Kulturpessimismus. Monod setzt sich mit der Gesellschaft auseinander, weil sein Fachgebiet, die Molekularbiologie, Denkbestimmungen zu liefern scheint, die das üblich gewordene kulturpessimistische Verdikt gegen Technik und Wissenschaft rechtfertigen. Ob dem wirklich so ist, verdient eine nähere Betrachtung. So verdienstlich Monods naturwissenschaftliche Leistung, so bemerkenswert ist sein Versuch, den erkenntnistheoretischen und weltanschaulichen Kategorien nachzugehen, die sich in biologischer Regulation, Mutation und Evolution ergeben haben.

Dialektische Entwicklungstheorie des Organischen

Als bestimmend erweist sich das Verhältnis von *Zufall und Notwendigkeit*. Eine weitere Präzisierung ergibt sich aus einer Arbeit Manfred Eigens über die Selbstorganisation der Materie und die Evolution biologischer Makromoleküle.[51] Da Monod und Eigen in wesentlichen Punkten differente Ansichten haben, erweist sich eine Konfrontation als nützlich. Zum Teil rührt der Unterschied der Analyse aus der unterschiedlichen Herkunft her – der eine Autor ist Biologe, der andere Physiker, wobei Eigen gelegentlich Monods Auffassung über den zweiten Hauptsatz der Wärmelehre korrigiert.[52] Der vorliegende Essay befaßt sich mit den biochemischen und biophysikalischen Problemen, die Monod behandelt, von philosophischer Seite, befaßt sich mit den von Monod aufgeworfenen philosophischen Fragen.

Der Zufall der Mutationen und die Notwendigkeit im Aufbau der Proteine, der Zeitfolge des Ablaufs, der identischen Wiederholung im Replikationsprozeß finden ihre Darstellung als Entgegensetzung von absoluter Zwangsfreiheit und Invarianz.[53] Das Gen als Informationseinheit erweist sich als eine durch Generationen und sogar durch Kreuzungen unveränderte Erbanlage. Monod meint, es handele sich damit um eine mit dem dialektischen Materialismus grundsätzlich unvereinbare Theorie. Die Struktur des Gens und der Mechanismus seiner invarianten Reproduktion sei rein mechanistisch. Deshalb handele es sich per definitionem um eine idealistische Theorie. Allerdings bezeichnet Monod seine sonst von ihm als mechanisch-materialistisch bezeichneten Auffassungen vielleicht nur ironisch als idealistisch, weil er meint, der dialektische Materialismus lasse keine Invarianzen zu, da von Friedrich Engels die Bewegung als Existenzweise der Materie bezeichnet wird. Tatsächlich enthält die Dialektik im Unterschied zu mechanistischen Vorstellungen das eine wie das andere. Der Bewegung ist der Vorrang gegeben, um die Kontinuität der Entwicklungsvorgänge in Natur und Gesellschaft abzubilden. In der Dialektik von Kontinuität und Diskontinuität hingegen ist auf die Zäsuren verwiesen, in denen sich Knotenpunkte ausbilden, Maßverhältnisse darstellen, Entwicklungsschritte zur Manifestation kommen. In Monods Beschreibung der Replikation der Gene ist ihrer Invarianz *und* dem anderen Mechanismus der Mutationen Rechnung getragen.[54] Ihre Einheit findet im dialektischen Materialismus Ausdruck durch die dialektische Beziehung zwischen den unterschiedlichen Sachverhalten, die relatives Beharren mit Wiederholung, Veränderung, Negation der Negation, Aufheben des Früheren auf höherer Stufe, scheinbare Rückkehr zu früheren Zuständen unter veränderten Bedingungen mit dem Auftreten neuer Erscheinungen, Sachverhalten, absoluter Entwicklung verbinden. Denkbestimmungen sind abgekürzte Wiedergabe wesentlicher Erscheinungen in materiellen und ideellen Prozessen. Insofern bedeutet dialektisches Herangehen das Berücksichtigen dieser auch von Monod als entgegengesetzt aufgefaßten Sachverhalte, die sich in Invarianz und Entwicklung äußern. Solange die verschiedenen entgegengesetzten Denkbestimmungen nur beiläufig oder gar nicht in Beziehung gesetzt werden, erscheinen sie als kontradiktorisch. Ihr gemeinsames oder nacheinander vorfindbares Auftreten bleibt dann Gegenstand einer Diskrepanz der Natur oder der Gesellschaft.

Bekanntlich stammt aber der Grundsatz, die Natur mache keine Sprünge, nicht von den Theoretikern des dialektischen Materialismus. Noch Leibniz konnte dieses Prinzip gegen die englischen Atomisten des 17. Jahrhunderts vorbringen und den Newtonianern Materialismus vorwerfen, weil sie Atomisten waren. Die Debatte zwischen Leibniz und Samuel Clarke gibt darüber Aufschluß.[55] Der Dialektik entging damit Leibniz nicht, denn seine Monaden waren das ideell verstandene Äquivalent der Atome. Nun sind die Mutationen sprunghafte Veränderungen, mikroskopische Störungen, wie sich Monod ausdrückt.[56] Melchers beschreibt die Geringfügigkeit der chemischen Veränderung an der Umwandlung eines Cytosins in ein Uracil, des einen der vier Buchstaben des genetischen Alphabets in einen anderen (die Nukleotid-Sequenz der RNS-Polynukleotide hat als Basen Adenin, Cytosin, Guanin und Uracil, das in DNS durch Thymin ersetzt ist. Ein Codon oder Triplett, drei Basen, bestimmen die Folge der Aminosäure-Radikale in der Polypeptidkette und legen damit Struktur und Eigenschaften eines Proteins fest, eines jener Eiweiße, aus denen lebendes organisches Substrat aufgebaut ist). Das Einfügen einer OH-Gruppe an der Stelle einer NH_2-Gruppe kann dreimal unterschiedliche Wirkung haben. Verändert sich das erste Cytosin der Dreiergruppe, entsteht statt Prolin (CCC) Serin (UCC). Verändert sich das mittlere Cytosin, bildet sich Leucin (CUC). Ändert sich die dritte Position, dann bleibt Prolin erhalten, da CCU die gleiche Aminosäure wie CCC hervorbringt. Der das gleiche mehrfach bestimmende Code sichert damit die Konstanz. Der Vorrat an Störungen dieser Art oder von Ablesefehlern bietet der Selektion einen Vorrat an Mutationen an, deren Frequenz selbst der Selektion unterliegt. Konstanz und Evolution stehen im Verhältnis einer Wechselwirkung, in denen Invarianz und Störung gemeinsam der Arterhaltung und der weiteren Existenz organischen Lebens dienen, woraus Evolution entsteht. Das Verhältnis von

Zufall und Evolution wird noch ausführlich zu behandeln sein. Monod nimmt den Gegensatz von Mutation und Invarianz als sich ausschließende Erscheinungen, zu denen die Evolution, über deren Richtung zunächst nichts ausgesagt sei, als Drittes hinzutritt. Für die dialektische Denkbestimmung ist nicht maßgeblich, in welcher Zeit eine Veränderung erfolgt und wie lange die relative Konstanz währe, während der keine neue Veränderung in Erscheinung tritt. Vollziehen sich die Ereignisse am materiellen Substrat im Raum und Zeit, so bestimmt nicht das philosophische Denken, sondern die Einzelwissenschaft, welche Periodizität nachweisbar ist, welche Funktion der Zeit bei der Änderung der Werte eines Vorgangs vorliegt, ob sich die Folge der Ereignisse im Nanosekundenbereich abspielt oder Jahre erfordert, vielleicht sogar Milliarden Jahre, wenn es sich um kosmische Objekte, Galaxien oder Sonnen handelt. Chemische Veränderungen können, wie Eigen belegte, recht kurzfristig ablaufen, Teilchenumwandlungen nicht minder.

Betont demnach Jacques Monod den konservativen Charakter stabiler Gene, so insistiert er auf der Zeit. Für die Evolution erweist sich aber nicht minder die Konstanz der Arten als so bedeutungsvoll wie die Veränderung. Das Erhalten der Art ist ebenso eine Voraussetzung der Entwicklung biologischer Objekte wie die Existenz von spontanen Mutationen der Buchstaben des genetischen Alphabets oder von Fehlern im Ablesen der Triplettfolgen, aus denen Eiweiße aufgebaut werden. Monod erwähnt, daß bestimmte Arten sich seit mehr als hundert Millionen Jahren reproduzieren konnten.[57] Die bei diesen Arten auftretenden Mutationen boten keinen Selektionsvorteil und konnten sich deshalb nicht erhalten. Das vorhandene genetische Substrat war geeignet, Schwankungen in der Umwelt zu bestehen. Hingegen sind die Mutationen das Gegenbild von genetischem Konservatismus, und Monod versichert mit Entschiedenheit: „... da sie die *einzige* (im Original hervorgehoben) mögliche Ursache von Änderungen des genetischen Textes darstellen, der seinerseits der *einzige* Verwahrer der Erbstrukturen des Organismus ist, so folgt daraus mit Notwendigkeit, daß *einzig* und allein der Zufall jeglicher Neuerung, jeglicher Schöpfung in der belebten Natur zugrunde liegt."[58] Entgegen anderen Hypothesen haben die

Forschungen von Benzer, Yanowsky, Brenner und Crick nach dem Watson-Crick-Modell der Doppelspirale der DNS herausgefunden, welche Typen von Veränderungen einzutreten vermögen: Die Mutation verschiedenen Ursprungs, Umfangs und Erscheinungsbildes erweist sich als einzige Quelle der biologischen Evolution, wobei der Umwelt kein direkter Einfluß in Hinblick auf etwaige Adaptation möglich ist, dem Menschen übrigens auch nicht. Experimentell verursachte Mutationen unterliegen der Statistik. Das Auftreten von Veränderungen in chemisch oder physikalisch beeinflußten Abschnitten der linear aufgereihten Nukleotid-Sequenzen erfolgt nach einer ebenfalls experimentell nachweisbaren Wahrscheinlichkeitsverteilung, nicht aber im Hinblick auf ein etwa gewünschtes Resultat.

Das zufällige Ereignis entsteht, wie inzwischen experimentell eindeutig belegt ist, ungezielt, aber ermöglicht gemäß dem in den Organismen vorliegenden Mechanismus sowohl *Erhaltung* wie *Entwicklung*. Nun interpretiert aber Monod: „Der reine Zufall, nichts als der Zufall, die absolute blinde Freiheit als Grundlage des wunderbaren Gebäudes der Evolution – diese zentrale Erkenntnis der modernen Biologie ist heute nicht mehr nur eine unter anderen möglichen oder wenigstens denkbaren Hypothesen; sie ist die einzig vorstellbare, da sie allein sich mit den Beobachtungs- und Erfahrungstatsachen deckt.“[59]

Wie Monod sachlich und fachlich den Zufall behandelt, sei später angeführt. Ideologiebildend wirken vorwiegend die verbalen Äußerungen, deren Inhalt in den pessimistischen gesellschaftspolitischen Ansichten Monods sichtbar wurde. Das Umsetzen der wissenschaftlichen Erkenntnis in verständliche Sprache wirkt aber nicht nur auf andere. Es bringt zum Ausdruck, wie in der bestimmenden Bewußtseinsschicht die Ergebnisse der Forschung verallgemeinert werden und in die Gesamtheit einer Weltanschauung eingegliedert sind. Zwischen Resultat und gedanklicher Auswertung vermag deshalb ein Widerspruch zu entstehen, der seinerseits über die ursprüngliche wissenschaftliche Einsicht hinaus andere Konsequenzen aufwirft, als mit der Sache auch im Verständnis des Sprechenden gemeint sind. Monod will zum Ausdruck bringen, daß es in der Natur keinen Zweck zu verwirklichen gibt. Für menschliches Handeln ist das Vorgeben von Ziel und Zweck selbstverständlich. Zur Wiedergabe dieses Sachverhaltes verwendet Monod den Ausdruck „teleonomisch". Das Wegfallen der Zielgerichtetheit in der Natur, wie es Demokrit bereits zugänglich war, wird von der Molekulartheorie der Genetik im einzelnen nachgewiesen. Monod hat die Absicht, genau diesen Gesichtspunkt unverwechselbar klarzustellen, um aus der Biologie teleonomische Gesichtspunkte antropomorpher Art auszutreiben, jede bewußte Zielsetzung der Natur aus den Vorstellungen auszuschalten, gerät aber dabei in der verbalen Umsetzung seiner eigenen Absicht auf eine gängige Meinung des spätbürgerlichen Denkens. Die ausgewählte Variante stammt aus dem herrschenden spätbürgerlichen Bewußtsein und überlagert das charakteristische und wichtigste Ergebnis der Molekulargenetik. Monod deutet die Mutation und ihre Funktion als „reinen Zufall", „absolut blinde Freiheit", um den Kontrast zu den wunderbaren Resultaten der organischen Evolution möglichst wirkungsvoll zur Geltung kommen zu lassen. In der absolut blinden Freiheit sind aber für das allgemeine Bewußtsein andere Inhalte assoziiert, als der Zufall in der Biologie und auf allen anderen Gebieten der Natur und der Gesellschaft bedeutet. Von Monod vielleicht nur als schmückendes Beiwort gemeint, verwandelt sich der wissenschaftliche Inhalt in eine Bestätigung der bürgerlichen Lieblingsvorstellung von Freiheit und gewinnt Anklang bei den ebenso verbreiteten halb und ganz anarchistischen Versionen, in denen eine vollständige Atomisierung der Gesellschaft zur Wunschvorstellung wird. Der verbreitete Ausdruck der „Atomisierung" der Gesellschaft läßt noch die Aversion gegen die Linie Demokrits erkennen, obwohl den Atomen die Tatsache des Primats der Individualität entspricht.[60] Mechanistisch wirkt das Weglassen des im Einzelnen enthaltenen Allgemeinen. Ob jene „Atomisierung" nun als positives oder negatives Merkmal angesehen wird, so kommt darin jedenfalls das bewußte oder unbewußte Vernachlässigen der gesellschaftlichen Beziehungen zum Ausdruck. Monods reiner und absoluter Zufall bezieht sich nicht mehr auf den biologischen Tatbestand, sondern auf die Gesellschaft.

Soweit Biologie in Rede steht, formuliert Monod einleuchtend. Seine Darstellung belegt, daß Zufall als bedingte relative

Häufigkeit aufzufassen ist. In der philosophischen Überlegung Monods tritt allerdings gerade die Restriktion auf eine spezielle Klasse von Fällen in den Hintergrund, oder es wird auf sie gänzlich Verzicht geleistet. Biologisch handelt es sich stets um den bedingten Zufall, den Zufall in einem bestimmten Gebiet. Die Mutationen ergeben sich in bestimmten materiellem Substrat von Phosphaten, Pentose-Zuckern, der vier Basen des genetischen Alphabets und Wasserstoffbrücken, wobei in den Veränderungen der Tripletts allein die Codierung der Eiweiße erfolgt. Der in den Mutationen ansetzende Zufall bezieht sich auf die Proteine und veranlaßt ausschließlich alle evolutive Veränderung, an der die Umwelt ihren selektiven Anteil hat oder unter bestimmten Bedingungen selbst einen Teil der Mutationen ungerichtet erzeugt. Aber der Zufall ist damit keineswegs aufgehoben, wenn pedantisch darauf verwiesen wird, *daß* es sich stets um *Zufall in einem bestimmten Sachgebiet* handelt. Die Allgemeinheit des Begriffs ist damit auf einen Bereich eingeschränkt, der auf die objektive Bedingtheit empirischer Untersuchungen verweist. Der weltanschauliche Materialismus äußert sich in der Orientierung auf materielle Objekte, über die hinaus andere begriffliche Bestimmungen gelten. Die Möglichkeit der Beobachtung und des Experiments erhält damit ihren Gegenstand zugewiesen, durch dessen Untersuchung bestimmte Übergangswahrscheinlichkeiten empirisch abzusichern sind. Falls der gleiche Typus von Wahrscheinlichkeit auf anderen materiellen oder ideellen Sachgebieten feststellbar ist, dann liegt dem ebenfalls das Beachten der bedingten Zufälligkeit zugrunde. Sie äußert sich in dem Gelten bestimmter Wahrscheinlichkeitsteilungen, die generelle Regelmäßigkeiten *sind*. Sie unterscheiden sich wie Gauß-, Binominial- oder Poissonverteilung, um nur einige zu nennen.

Monod beschreibt die verschiedenen Weisen, in denen Selektionsreserve entsteht. Im technischen Sinne „Störung", besitzen die betreffenden Ereignisse die gleiche Bedeutung wie die ihnen entgegen wirkenden Reparaturmechanismen, die die komplementäre Identität der Doppelstrang-Helix absichern. Das Zufällige erhält seinen Sinn im Effekt. Der Störung kommt ihre Bedeutung wie die Invarianz in ihrer wechselseitigen Verbindung zu, worin eine der Seiten der ihnen innewohnenden Dialektik sichtbar wird. Als konkreten Typ von Mutationen erwähnt Monod

1. den Austausch eines einzigen Nukleotidpaares durch ein anderes,

2. das Auswerfen oder Hinzufügen eines oder mehrerer Nukleotidpaare,

3. verschiedene Typen von „Durcheinander", die den genetischen Text durch Inversion, Wiederholung, Translokation und Verschmelzung mehr oder weniger langer Sequenzabschnitte verändern.[61]

Weiter ist, formell zutreffend und inhaltlich gültig, festgestellt, daß „mit Notwendigkeit ... *einzig* und allein der Zufall jeglicher Neuerung, jeglicher Schöpfung in der belebten Natur zugrunde liegt"[62]. Da Monod gegen vitalistische und „animistische" Theorien polemisieren will, unterstreicht er immer wieder, daß damit jeglicher „anthropozentrische" Standpunkt diese Entdeckung der Rolle des Zufalls als besonders destruktiv empfinde.[63] Mit dem Begriff „anthropozentrisch" kann aber auch Mißbrauch getrieben werden. Das Verwenden von Produktionsinstrumenten macht den Menschen und läßt Wissenschaft als gesellschaftliche Erscheinung entstehen, die ihrerseits ihr Forschungsgerät aus jenen Produktionsinstrumenten bezieht. In der Objektivität der Naturerkenntnis kommt gleichsam die Natur, analog gesprochen, zur Erkenntnis ihrer selbst. Der gesellschaftliche Gesamtarbeiter urteilt vom gesellschaftlichen Standpunkt, der durch das jeweilige Klasseninteresse verschärft wird. Demokrit entdeckte durch die Hypothese der Atome, des Zufalls und der Gesetzmäßigkeit, daß damit nicht eine Einengung, sondern eine Erweiterung der menschlichen Wirkungssphäre eröffnet sei. Da Religionen in Gottes unerforschlichen Ratschluß häufig die strikte Vorherbestimmung aller irdischen Ereignisse zu setzen pflegen, die irdischen Ereignisse selbst aber als zufällig ansehen, bedeutete Demokrits Vermutung, man könne den Zufall in den menschlichen Kalkül einbeziehen, daß aus ihm konkrete Gestalten hervorgehen. Das Ausnutzen des Zufalls ist vom Menschen her gesehen stets anthropozentrisch. Folgerichtig würde ein Verweis auf den gesellschaftlichen Menschen bedeuten, das unerforschlich Scheinende zugänglich zu machen. Ohne das Moment der gesellschaftlichen materiellen Praxis zu beachten, dominiert die Religion in bestimmten Ausprägungen. Demokrit hingegen verwies durch seinen Materialismus auf das innerweltliche Dasein, dem das Zufällige vertraut sein kann und von dem es nicht am Handeln gehindert wird. Da Monod aber innerweltlichen und dualistischen Standpunkt zusammenwirft, muß er annehmen, es handele sich beim Entdecken des Zufalls um ein Schreckgespenst, das um jeden Preis vertrieben werden solle.

Zu definieren bleibt für Monod, was denn eigentlich unter Zufall zu verstehen sei. Unterschieden sind: Würfelspiel und Roulette, bei dem die Wahrscheinlichkeitsrechnung benutzt wird, um den Ausgang eines Spieles vorherzusagen.[64] Die Unbestimmtheit ist als operational und rein technische bezeichnet, wird aber nicht als wesensmäßig, essentiell, aufgefaßt. Monod ist der Ansicht, der Begriff des Zufalls und die Wahrscheinlichkeitsrechnung würden nur aus methodologischen Gründen angewendet.

Wesensmäßiger Zufall scheint Monod dann vorzuliegen, wenn sich zwei voneinander völlig unabhängige Kausalketten überschneiden.[65] Als Variante des klassischen Beispiels des vom Dach fallenden Ziegelsteins wird der Hammer angeführt, der einem unachtsamen Klempner aus der Hand fällt und den Schädel eines vorbeigehenden Dr. Müller oder Dr. Dupont, eines Arztes, zertrümmert.

Zufällig ist außerdem die Beziehung zwischen dem Fehler in der Replikation des genetischen Codes und den funktionalen Auswirkungen, jener Grund, der die gezielte Veränderung des genetischen Substrates zum Zweck einer bestimmten erwünschten Funktion verhindert (Auswahl vorhandener und produzierter Mutanten ist natürlich nach menschlicher Zwecksetzung möglich).

Ein weiterer Typ von Zufall ist die Quantenstruktur der Materie. Die Mutation ist als quantenhaftes, mikroskopisches Ereignis aufgefaßt, auf das die Heisenbergsche Unbestimmtheitsrelation anzuwenden ist. Monod bezeichnet es als „wesensmäßig“[66].

Manfred Eigen bleibt durchaus sachlich, wenn er das Beispiel Monods über den fallenden Hammer weiterführt. Gilt für den Arzt „Alles oder nichts“, so hat er kein Interesse daran, zu überlegen, mit welcher Wahrscheinlichkeit ein fallender Hammer eine tödliche Verletzung hervorruft. Für die *Versicherung* des Arztes oder des Dachdeckers ist die Wahrscheinkeitsrelation interessant, weil sie damit „für eine bestimmte Unfallquote relativ genau ihr Risiko errechnen kann"[67]. Damit tritt die *Notwendigkeit neben den Zufall*, wie Eigen vemerkt, wenn sich für ein Ereignis eine Wahrscheinlichkeitsverteilung angeben läßt und man diese durch große Zahlen beschreiben kann.[68] Als Kritik an Monod ist vorgebracht, das besondere Betonen des Zufalls habe zu einer gewissen Verzerrung des Bildes geführt, für einen Rezensenten etwa sei der Eindruck entstanden, der Mensch sei ein Betriebsunfall der Natur. Monod habe den Zufall indes mehr betont, weil jeder bereit sei, die Notwendigkeit ohnehin zu akzeptieren.[69] Trifft Eigens Einwand auch in einigem zu, so läßt sich weiter hinzufügen, daß durch den Hinweis auf die Versicherung das Problem wesentlich weiter ausgedehnt worden ist. Monod bestand auf der Unvorhersehbarkeit des zufälligen Ereignisses. Das Vorkommen der logischen Klasse „Mutation" läßt sich aber auf Grund empirischer Befunde quantitativ abschätzen und damit in gesellschaftliche und individuelle Zwecksetzung einbeziehen. Arzt und Dachdecker sichern sich und ihre Familie vor den Folgen des „unabhängigen" Ereignisses ab. Ohne zu wissen, *was für ein* Ereignis schädlicher Art ihnen begegnet, versichern sie sich gegen Unfall. Die Versicherung ihrerseits untersucht, welche Unfälle einen Arzt oder Dachdecker betreffen können und in welcher Frequenz sie unter gegebenen Bedingungen – Lebensweise, Gegend – auftreten können, und bestimmt damit die Höhe der Versicherungssumme und die anfallenden Kosten im voraus, um sich eine mindestens nicht negative Zahlungsbilanz zu sichern. Auch Versicherungen auf Gegenseitigkeit, die nicht wegen der Gewinnerzielung gegründet sind, müssen ebenso verfahren, um die Kosten deckenden Prämien fixieren zu können, handele es sich um Hagelschaden oder Schädlingsbefall, Lebensversicherung oder Schutz vor Feuer. Nach Berufsgruppen gegliederte Sterbefalltafeln dienen schon als Anhaltspunkt und können im Rahmen von Kosten-Nutzen-Überlegungen weiter verfeinert werden, wenn daraus eine sinnvolle weitere Annäherung an den Sachverhalt im Erwartungsraum liegt. Generell besteht indes ein Unterschied zwischen dem einzelnen Ereignis und dem möglichen Ereignisfeld. Läßt sich der Eintritt des Ereignisses schon beim Würfeln nicht voraussagen, obwohl die möglichen Fälle durch die Spezifik des Würfels begrenzt sind, so erst recht nicht bei den anderen Fällen. Auf welches Gebiet sich das Voraussehen bezieht, ist zu beschreiben, wenn nicht aus der behaupteten Unvorhersehbarkeit agnostische Folgerungen gezogen werden sollen. Das alte Sprichwort „Gewiß ist der Tod, ungewiß die Stunde“ betrifft den Sachverhalt und enthält eine auch für alt gewordene Gesellschaftsformationen gültige Aussage.

Die verschiedenen von Jacques Monod erwähnten Fälle sind weniger weit voneinander entfernt, als es zunächst den Anschein erwecken könnte. Eigen beginnt seine Überlegungen zum Entstehen von Information im biologischen Prozeß und zur Belegung mit Wert durch die Selektion mit dem Benutzen von Würfeln, um Zufälligkeit (randomness) entstehen zu lassen, wenn dieses einfachste Verfahren auch noch nicht zur Demonstration ausreicht. Ein zwanzigflächiger Würfel bietet sich für das Entstehen von Proteinen an, da 20 Aminosäuren ihre Bausteine bilden. Ein vierflächiger Würfel genügt für die Nukleinsäuren, um die vier Buchstaben des genetischen Alphabets zu repräsentieren.[70] Es handelt sich um eine Annäherung an die Beschreibung der Selektion auf der Grundlage quantenmechanischer Theorie und auf der Ebene der Moleküle. Als weitere Modifikation setzt Eigen voraus, daß jeder Treffer mit Selektionsvorteil aus dem weiteren Würfeln ausscheidet.

Nach Bierman sind alle Wahrscheinlichkeitsverteilungen als Ergebnisse des Würfelns darstellbar, wenn auch verfälschte Würfel einbezogen werden. In einem Fall verhalten sich die in anderem Substrat eintretenden Geschehnisse wie der als Analogon gewählte Würfel. Im anderen Falle sind weitere Modifikationen nötig. Als unwesentlich erscheint die von Monod getroffene Unterscheidung von determiniert und nicht determiniert. Ersteres meint mechanische Determiniertheit, letzteres nichtmechanische Determiniertheit. Ist in dem einen Fall im Prinzip die Möglichkeit gegeben, wenn auch nicht durchführbar, bei unverfälschtem Würfel eine bestimmte Zahl zu werfen, „eine Wurfmechanik hoher Präzision zu benutzen“[71] oder dementsprechend bei verfälschtem eine gewollte Verschiebung der relativen Häufigkeit zu erreichen, so benötigt die Interpretation der Wahrscheinlichkeit als relative Häufigkeit diese Unterscheidung nicht. Die in die Klasse der nicht deterministischen Fälle passenden Ereignisgruppen lassen sich sowohl mit dem einen wie mit dem anderen Verfahren annähern und damit abbilden. Die Gesamtheit der betreffenden Erscheinungen gehört *als Regelmäßigkeit unter die Gesetze*. Da die Abhängigkeit von Ereignissen in nicht völlig einfachen Fällen einen jeweils definierbaren Grad annimmt, ist das Feststellen ihrer Zusammengehörigkeit hinreichend. Die vollständige Unabhängigkeit ist ebensowenig gegeben wie die Existenz des absoluten Zufalls. Deshalb genügt einfach der Verweis auf unabhängige Kausalreihen, die sich überschneiden. Um beim Beispiel zu bleiben: Die Tätigkeit von Arzt und Dachdecker oder Klempner bietet bereits eine Vorauswahl über die Lebensgewohnheiten. Das Passieren von Straßen bedeutet die Wahrscheinlichkeit von Unfällen. Die mechanische Determination der Himmelsmechanik ist vom Standpunkt des Werdens und Vergehens von Sonnensystemen ebenfalls nur eine Annäherung an quantenphysikalisch bestimmte Prozesse, die für menschliche Verhältnisse relativ lange hinreichend ist. Genauso läßt es sich aber auch rechtfertigen, vom Würfeln auszugehen, um quantenphysikalische Effekte anzunähern.

Das Unterscheiden von operationalem und wesensmäßigem Zufall ist demnach unter Umständen eine Art von Überbestimmtheit. Charakteristischerweise benutzt Monod den Ausdruck *Gesetz* nicht. Eigen hingegen betont ihn als übergeordnet, ein Verfahren, dem zugestimmt werden kann. Unbestimmtheit und Zwangsläufigkeit sind zum Gesetz vereinigt.[72] Die von Eigen vorgeschlagenen Bedingungen entsprechen seinem mathematisch vorgetragenen Anliegen, Evolution als notwendig nachzuweisen. Erkenntnistheoretisch notwendig ist es aber nicht, den Grad der Unbestimmtheit statistisch überzubetonen. Der Grund liegt in folgendem:

Unter Gesetzmäßigkeit fallen nach physikalischer Sprechweise die determinierten und die nicht determinierten Fälle. Ersteres wird zum Grenzfall, wenn mit dem Begriff der dialektischen Determiniertheit die verschiedenen Vorgänge allgemein als wesentliches Verhältnis aufgefaßt sind, die Zuordnung zu der einen oder anderen logischen Klasse dem Sachverhalt entsprechend erfolgt. Zum Sachverhalt gehört auch der Grad der Annäherung im Abbildungsprozeß. Objektiv ist sowohl der materielle wie der ideelle Vorgang, der das Berücksichtigen des vorliegenden Typus von Gesetzmäßigkeit verlangt, wie das zum Abbilden und Annähern des konkreten Vorgangs gewählte Verfahren. Liegt eine beträchtliche Verschiedenheit der abzubildenden Vorgänge und Ereignisse vor, ist nach den sich wiederholenden Vorgängen zu suchen, die die diskret unterschiedenen Ereignisse als Regelmäßigkeit aufzufassen gestatten.

Auf Grund der sich wiederholenden Natur der Ereignisse lassen sich bekanntlich die Variationen derart systematisieren, daß die Wahrscheinlichkeitstheorie anwendbar wird, worauf auch Monod verweist. Die Annahme, man benötige das Fehlen jeder Unbestimmtheit und erst einen präzisierten Wurfmechanismus, um Voraussagen treffen zu können, entsteht aus mechanistischer Voreingenommenheit. Lenin nennt in einem viel zitierten Wort das Gesetz „das ruhige Abbild der Erscheinungen", bezieht sich dabei auf Hegel und schreibt: „Das ist eine ausgezeichnet materialistische und wunderbar treffende (mit dem Wort ‚ruhige') Bestimmung. Das Gesetz nimmt das Ruhige – und darum ist das Gesetz, jedes Gesetz, eng, unvollständig, annähernd."[73] Da gleichzeitig das Gesetz als wesentliche Erscheinung bezeichnet wird[74], ist die Dialektik von Wesen und Erscheinung angesprochen. Das Vorhandensein von Unbestimmtheit ist in der dialektischen Philosophie seit Hegel nicht ungewöhnlich, sondern der objektiven Realität inhärent. Erst auf einer entwickelteren Stufe der Naturwissenschaften stieß sie auf Prozesse, deren Eigenschaften durch den dialektischen Materialismus in der materiellen Wirklichkeit als grundlegend erkannt worden sind. Naturwissenschaftliches und mathematisch bestimmtes Vorgehen orientiert sich an Vorgängen, die der Beobachtung und dem Denken zugänglich sind und außerdem durch gesellschaftliches Handeln beeinflußt werden sollen, an Merkmalsgruppen, die als Muster bezeichnet sind. Sie sind Abbildungen, die voneinander unterschiedene Einzelvorgänge zu verallgemeinern gestatten. Das Resultat besteht in einer verbalen und mathematischen Wiedergabe von Idealisierungen, die von der Anwendung zugewendeten Theoretikern als Idealisierungen praktischer Erfahrung bezeichnet werden und zugleich das Benutzen von elementaren Prinzipien der formalen Logik einschließen. Materialistisch ist eine Einstellung weltanschaulicher Art, die darin das Abbilden von den Dingen innewohnenden Eigenschaften begreift, die sogenannte Idealisierung als Annäherung versteht. Dialektisch ist sowohl das Verhältnis zwischen dem konkreten Vorgang und der ihn mit ähnlichen Prozessen gleichsetzenden Idealisierung wie die Tatsache der Verwandtschaft zwischen dem Verhalten unterschiedener Ereignisreihen. Mechanistisch und zum Idealismus hinleitend ist die andere Vorstellung, daß der Unterschied wesensmäßig eine unüberbrückbare Schranke zwischen den einzelnen Prozessen anzunehmen verlange und deshalb keine Abbildung möglich sei. Die praktische Bewährung hat hier zugleich erkenntnistheoretische Bedeutung.

Monod meinte, in den Fällen sogenannter technischer Unbestimmtheit werde die Wahrscheinlichkeitsrechnung bloß aus methodologischen Gründen angewendet. Er scheint anzunehmen, daß damit eine Abwertung des Verfahrens verbunden wäre. Tatsächlich aber ist die Wahl von Abbildverfahren dem Zweck unterworfen, die charakteristischen Eigenschaften zu erfassen, die die Sache selbst besitzt. Nur für die Annahme einer Unabhängigkeit der Methode von den Sachen erweckt es den Eindruck, es handele sich im vorliegenden Fall um ein eigentlich unzutreffendes Aushilfsmittel des wissenschaftlichen Denkens. Bloß die Vorstellung, es gebe vielleicht doch so etwas wie ein mechanistisches Universum im Sinne von Laplace, bei dem vorherbestimmt sei, daß der Doktor unter dem Hammer des Klempners sterben sollte[75], veranlaßt Monod zum Überbetonen der verschiedenen Typen des Zufalls. Die operationale Unbestimmtheit wirkt sich in der industriemäßigen Massenproduktion auch gleichsam wesensmäßig aus, wie sich die quantenmäßige Unbestimmtheit durch das Gesetz der großen Zahl zu diskreten makroskopischen Erscheinungen aufsteigert. In dem Entdecken der Gesetzmäßigkeit der biologischen Prozesse und im besonderen der genetischen Strukturen liegt das dialektische Aufheben des Gegensatzes verschiedener Typen von Bedingtheit.

Monod diskutiert das Verhältnis von Zufall und Notwendigkeit, wie erwähnt, auch als Verhältnis von Zwangsfreiheit und Zwangsläufigkeit, mit der die funktionale Kohärenz der Zellmaschinerie zustande kommt.[76] Das Diktat der Proteinstruktur durch die Genstruktur[77] bildet sich bloß aus durch die Zwangsfreiheit der molekularen Systeme, aus der folgt, „daß die Evolution der Moleküle ein ungeheures Netz von Steuerungskontakten aufbauen konnte, die den Organismus zu einer autonomen Funktionseinheit machen ..."[78] Seiner Vorstellung nach befindet er sich im Gegensatz zu Hegel und dem Marxismus, wenn er verlangt, auf die Moleküle zurückzugehen und analytisch zu verfahren. Es sei das eine Haltung, die im ganzen makroskopischen Objekt nur die Summe der Teile beachte.[79] Dem steht indes gerade Monods Überzeugung entgegen, daß aus dem Zufälligen Notwendigkeit hervorgeht. Es steht zu fragen, wie Marx und Engels sich zu dem vorliegenden erkenntnistheoretischen Sachverhalt äußerten.

Dialektik in Natur und Gesellschaft

Engels befaßte sich in seiner „Naturdialektik" mit dem brisant gewordenen Kategorienpaar, als er Darwin kennengelernt hatte. Als metaphysisch bezeichnet er es, Zufälligkeit und Notwendigkeit als einander scharf widersprechende Denkbestimmungen aufzufassen.[80] Dialektisch setzt er beide identisch und fragt, wie es möglich sei, „daß das Zufällige notwendig und das Notwendige ebenfalls zufällig ..."[81] Damals behandelten „der gemeine Menschenverstand" und die „große Menge der Naturforscher" Notwendigkeit und Zufälligkeit als einander ein für allemal ausschließende Bestimmungen mit der einen Ausnahme des Philosophen Hegel. Dazu gehörte, die entscheidenden Artmerkmale für notwendig, sonstige Verschiedenheiten der Individuen für zufällig anzusehen. Man erklärte das Notwendige für das allein die Wissenschaft Interessierende, das Zufällige für das der Wissenschaft Gleichgültige.[82] Daraus folge: „Was man unter Gesetze bringen kann, was man also *kennt*, ist interessant, das, was man nicht unter Gesetze bringen kann, was man also nicht kennt, ist gleichgültig, kann vernachlässigt werden. Damit hört alle Wissenschaft auf, denn sie soll grade das erforschen, was wir *nicht* kennen."[83] Diese Art von Gesetzen gehört nach Engels also zu den metaphysischen, weil sie das Zufällige und die individuellen Eigentümlichkeiten ausschließen. Es sei das die gleiche Art Wissenschaft,

„die das, was sie erklären kann, für natürlich ausgibt, und das ihr Unerklärliche auf übernatürliche Ursachen schiebt; ob ich die Ursache des Unerklärlichen Zufall nenne oder Gott, bleibt für die Sache selbst vollständig gleichgültig"[84]. Das Ausschließen des Zufalls aus der Gesetzmäßigkeit ist von Engels der religiösen Argumentation zugerechnet. Das undialektische Denken veranlaßt dazu, den Zufall außerhalb der Welt anzusiedeln. Eine unverrückbare Verkettung von Ursache und Wirkung anzunehmen, wie dies der Determinismus des französischen Materialismus tat, führt nach Engels „auch nicht aus der theologischen Naturauffassung heraus"[85]. Die Verfolgung der Ursachenkette bleibe eine bloße Redensart und damit auch die Notwendigkeit. Der Zufall bleibe, was er war. Engels verlangt, Zufall und Notwendigkeit in Beziehung zu setzen. Nach Hegel habe das Zufällige einen Grund, weil es zufällig ist, ebensosehr aber auch keinen Grund, weil es zufällig ist. Andererseits sei das Zufällige die absolute Notwendigkeit. Wenn man dies als paradoxe Spielerei abtue, verharre man in der Gedankenlosigkeit der Wolffschen Metaphysik, nach der etwas notwendig sei oder nicht[86], „aber nicht beides zugleich; oder andrerseits im kaum weniger gedankenlosen mechanischen Determinismus, der den Zufall im allgemeinen in der Phrase wegleugnet, um ihn in der Praxis in jedem besondren Fall anzuerkennen"[87]. Durch Darwin habe sich die Situation geändert: „Das inzwischen angehäufte Material von Zufälligkeiten hat die alte Vorstellung der Notwendigkeit erdrückt und durchbrochen."[88] Dann findet sich der Satz: „Die bisherige Vorstellung von der Notwendigkeit versagt. Sie beizubehalten heißt, die sich selbst und der Wirklichkeit widersprechende Willkürbestimmung des Menschen der Natur als Gesetz aufzudiktieren, heißt damit alle innere Notwendigkeit in der lebenden Natur leugnen, heißt das chaotische Reich des Zufalls allgemein als einziges Gesetz der lebenden Natur proklamieren."[89] Hegels Formel war die Antwort auf die Annahme, man benötige einen lückenlosen Zusammenhang von Ursache und Wirkung, um Gesetze formulieren zu können. Die Gegensätze blieben erhalten, aber ihre Ausschließlichkeit wurde aufgehoben in das Verhältnis beider. Bei Engels richtet sich die Aufmerksamkeit im Anschluß an Darwin auf die wesentlichen und unwesentlichen Merkmale der organischen

Naturobjekte. Die als zufällig scheinenden Objekte gelten als Momente der Entwicklung der Naturwissenschaft. Notwendiges und Zufälliges wird gleichermaßen der Natur zugeordnet. Der mechanische Determinismus, wie ihn Engels schildert, war durch Spinoza bereits als teohlogisierend nachgewiesen. Es galt, die nächsten Ursachen aufzusuchen und sich nicht an die entferntesten zu halten. Engels verwies auf die Möglichkeit, Gesetze aufzustellen, ohne alle zufällig scheinenden Einzelheiten zu behandeln: „Die eine Erbsenschote gäbe also schon mehr Kausalzusammenhänge zu verfolgen, als alle Botaniker der Welt lösen könnten."[90] Er nannte individuelle, „zufällig erscheinende Eigenschaften, Nuance der Farbe, Dicke und Härte der Schale, Größe der Erbsen, von den durch das Mikroskop zu enthüllenden individuellen Besonderheiten gar nicht zu reden"[91].

Als Engels zwischen 1873 und 1883 die „Naturdialektik" niederschrieb, hatte Gregor Mendel seine Experimente an Pflanzenhybriden bereits durchgeführt, aber sie waren unbekannt geblieben. Jedenfalls vermochte er die von Engels genannte Art Merkmale zum Nachweis von Gesetzen zu benutzen, bei denen die Merkmale als getrennterbig betrachtet wurden und auf die nur mit dem Mikroskop zugänglichen Merkmale verzichtet wurde. Die statistische Gesetzmäßigkeit erwies sich als Beleg dafür, daß die makroskopischen Merkmale als genetisch fixiert angesehen werden konnten. Tatsächlich aber ließ sich das makroskopisch Zugängliche als Nachweis der Einheit von Notwendigkeit und Zufall benutzen, der in diesem Falle streng determinierte Eigenschaften zur Grundlage hatte. Die von Engels ausgesprochene Vermutung bewährte sich, weil sie von der Voraussetzung ausging, daß die Wissenschaften sich im Laufe gesellschaftlicher Entwicklung ständig weitere Gebiete erschließen und das Vordringen zu „letzten Einheiten" nicht die Bedingung für das Auffinden von Gesetzen sein kann. Die inzwischen entstandene Molekulargenetik geht nicht bis zur Struktur der Kerne zurück. Engels' Auffassung richtet sich demnach nicht gegen das von Jacques Monod ausgesprochene analytische Vorgehen. Die Moleküle sah Engels als materiell an. Das Vordringen bis in diesen Bereich sowie das Eindringen der Physik in die Biologie setzte voraus, daß Teilchen und Atome als materiell angesehen wurden, ebenso, wie dies die Chemie und der Materialismus bereits für zutreffend befanden. Das von Darwin angehäufte Material von Zufälligkeiten, wie Engels schreibt, gehörte ebenfalls zu den sichtbaren Merkmalen, die das Zufällige in die Notwendigkeit einzubeziehen verlangten. In der Ökonomie verfuhr Marx analytisch, indem er auf die Ware als das elementarste massenhafte Verhältnis zurückging, das Zufällige in das Werden und Vergehen der bürgerlichen Gesellschaft einbezog.[92]

Für Engels bedeutet das Verhältnis von Zufall und Notwendigkeit in Verbindung mit der Entwicklung der Wissenschaften, daß beide ihren Stellenwert zu wechseln vermögen. Sie schließen sich weder in der Sache noch für das Denken gegenseitig aus. Ob das Zufällige auf eine bisher unbeachtete Gesetzmäßigkeit verweist oder als Zufälliges ohne Grund aufzufassen ist, bleibt der jeweiligen Forschung überlassen. Für das dialektische Philosophieren war hinreichend, die Ausschließlichkeit aufzuheben, mit der eine gewaltsame Gesetzmäßigkeit konstruiert wurde, die sich in der Analyse der Gesellschaft nicht bewährt hatte und von Engels in den Naturwissenschaften für unzureichend befunden worden war. Mit der Absage an die „Urdetermination von Ewigkeit her“[93] war erst der Weg zu einer Geschichte der Natur und der Gesellschaft geebnet.

Das Enstehen neuer Sachverhalte wie der ihrem Entstehen folgenden Gesetzmäßigkeiten war erst zu untersuchen, wenn weltanschaulich und methodologisch die „unerschütterliche Notwendigkeit“ aufgegeben wurde. Die Dialektik von Zufall und Notwendigkeit erweist sich als ein Produkt der Geschichte der Gesellschaft und des Denkens. Fragen aus Natur und Gesellschaft zwangen zu wechselweiser Behandlung beider Denkbestimmungen, bis schließlich ihre Zusammengehörigkeit zu berücksichtigen für das weitere Erforschen von Gesetzmäßigkeiten *notwendig* wurde.

Meinte Monod, die marxistische Philosophie habe keinen Zugang zum Zufall, so bezieht ihn Engels in die Naturdialektik ein. Marx benutzt die gleiche Kategorie bei der Analyse der Ware. Für das Erarbeiten von Denkbestimmungen sind Voraussetzungen nötig, die sich in der Entwicklung der Gesellschaft und der Produktivkräfte ergeben. Marx beginnt das Kapital zu analysieren mit den zwei Faktoren der Ware, dem Gebrauchswert und dem Wert oder Tauschwert. Die kapitalistische Produktionsweise ist als eine ungeheure Warensammlung aufgefaßt, in der die einzelne Ware deren Elementarform darstellt, weshalb mit der Analyse der Ware zu beginnen sei.[94] In dem „Vorwort zur ersten Auflage" ist einleitend überlegt, warum wohl Wertform und Geldform, als sehr inhaltslos und einfach bezeichnet, seit 2000 Jahren vergeblich zu ergründen versucht wurde, „während andrerseits die Analyse viel inhaltsvollerer und komplizierterer Formen wenigstens annähernd gelang"[95]. Die Antwort lautet, der ausgebildete Körper sei leichter zu studieren als die Körperzelle. Dazu komme, daß sich bei der Analyse der ökonomischen Formen weder das Mikroskop noch chemische Reagenzien benutzen lassen, die Abstraktionskraft beide ersetzen müsse[96], wobei das empirische Material zur Grundlage dient, wie das Kapital ausweist. Erst die damals wenigstens in einem Lande ausgebildete kapitalistische Gesellschaftsformation gestattete, in der Ware die ökonomische Zellenform zu entdecken und ihre Eigenschaften zu studieren. Daß Marx diese Untersuchung nicht an den deutschen Verhältnissen unternehmen konnte, begründet er mit dem elenden Zustand der deutschen sozialen *Statistik*.[97] Geschrieben am 25. Juli 1867, vermerkt jenes Vorwort die wesentliche Funktion von Statistik und Abstraktionsvermögen, die es gestatten, die Gesetzmäßigkeit komplexer gesellschaftlicher Vorgänge aufzuspüren. Aus der späteren Besprechung des Kapitals I. durch einen russischen Rezensenten aus dem Jahre 1872 zitiert Marx im Nachwort zur zweiten Auflage eine Darstellung seiner Methode, die er ausdrücklich gutheißt. Jener Rezensent, ein I. I. Kaufman, schrieb:

„Für Marx ist nur eins wichtig: Das Gesetz der Phänomene zu finden, mit deren Untersuchung er sich beschäftigt. Und ihm ist nicht nur das Gesetz wichtig, das sie beherrscht, soweit sie eine fertige Form haben und in einem Zusammenhang stehn, wie er in einer gegebnen Zeitperiode beobachtet wird. Für ihn ist noch vor allem wichtig das Gesetz ihrer Veränderung, ihrer Entwicklung, d. h. der *Übergang* (hervorgehoben von mir – H. L.) aus einer Form in die andre, aus einer Ordnung des Zusammenhangs in eine andre. Sobald er einmal dieses Gesetz entdeckt hat, untersucht er im Detail die Folgen, worin es sich im gesellschaftlichen Leben kundgibt ..."[98]

Das Gesetz der Phänomene zu finden, verlangt den Zusammenhang aufzudecken, in dem sich die Elementarprozesse ereignen. Dabei unterscheidet Marx zwei Stufen. Auf der ersten eignet sich die Forschung den Stoff im Detail an, wozu die von William Petty eingeführte statistische Analyse heranzuziehen ist. Die Statistik muß indes einen beträchtlichen Reifegrad besitzen, um angewendet werden zu können, da sie sonst keine hinreichende Aussagefähigkeit besitzt.[99] Mit ihrer Hilfe sind die verschiedenen Entwicklungsformen zu analysieren und deren inneres Band auszuspüren.[100] Die zweite Stufe der Untersuchung bezieht sich nun auf die wirkliche Bewegung: „Gelingt dies und spiegelt sich nun das Leben des Stoffs ideell wider, so mag es aussehn, als habe man es mit einer Konstruktion a priori zu tun."[101] Für Marx ist die Statistik, die Beobachtung und Beschreibung der Teilvorgänge, die Grundlage für die begriffliche Darstellung, die abstrahierend vorgeht und dabei mit der Darstellung der aus der ersten Forschungsstufe gewonnenen Elementarvorgänge beginnt. Sie haben die Bedeutung von Grundkategorien, die aus der materiellen Wirklichkeit gewonnen wurden. Die Bewegung der Waren enthüllt sich als ein regelloser Stellenplatzwechsel, wobei außerdem die Bewegung der materiellen Gestalt in Form des Gebrauchswertes im statistischen Mittel zeitlich nicht mit der Bewegung des den Waren entsprechenden Äquivalents, des Geldes, übereinstimmt. Die Oszillationen und Schwankungen des Kurses der verschiedenen Währungen wie der Goldpreis und der Zwangskurs interner Zahlungsmittel setzen sich auf Grund des Transfers der Waren ebenfalls statistisch durch. Für die Schwankungen der Richtung der Warenströme und des Geldwertes sind jeweils bestimmte Gründe anzugeben, die sich untersuchen lassen. Sie sind determiniert nicht in physikalisch-mechanischem Sinne, sondern beziehen individuelle Entscheidungen bei jedem einzelnen Akt des Stellenwechsels der Ware ein. Außerdem beeinflussen Schwankungen in Wert und Preis die Arbeitskraft als Ware. Der moralische Verschleiß von Produkten und Maschinerie durch wissenschaftlich-technischen Fortschritt wirkt sich in stark arbeitsteiliger Produktion und mit dem Entstehen des Weltmarktes beträchtlich aus, womit sich Marx ausgiebig beschäftigte. Die Entwertung des Gebrauchswertes und des Tauschwertes ist für den Besitzer und Benutzer der Ware auch dann zufällig, wenn er den moralischen Verschleiß einkalkuliert und die Verschleißzeit kennt, eine von Engels benutzte Überlegung. Der durchschnittliche Einfluß des technischen Fortschritts läßt sich aus zeitfreien Schemata der gesamtgesellschaftlichen Reproduktionsprozesse durch Abwandlung nach der Zeit berücksichtigen. Marx verweist bei der Analyse der von ihm entdeckten Schemata der gesamtgesellschaftlichen Produktion auf das gesetzmäßige Zunehmen der konstanten Fonds gegenüber den lebendige Arbeit ausdrückenden variablen Fonds. Aus dem zufälligen, aber gesetzmäßigen Entdecken von Naturgesetzen und technologischen Prozessen resultiert der Prozeß der Konzentration und Zentralisation von Kapital mit Notwendigkeit. Marx leitet daraus die Notwendigkeit ab, daß sich eine neue Gesellschaftsformation vorbereitet. Der bereits erwähnte Rezensent referiert, daß nach Marx jede historische Periode ihre eigenen Gesetze besitzt: „Mit einem Wort, das ökonomische Leben bietet uns eine der Entwicklungsgeschichte auf andren Gebieten der *Biologie* (hervorgehoben von mir – H. L.) analoge Erscheinung."[102] Die Analogie zur Biologie ergab sich durch die inzwischen publizierte Entwicklungstheorie Darwins, die ein späteres Datum besitzt als die von Marx und Engels ideell abgebildete Entwicklungsgeschichte der Gesellschaft.

Ausdrücklich unterscheidet Marx zwischen Gesetzmäßigkeiten, die für eine, mehrere oder alle Produktionsweisen gelten.[103] Für die Entwicklung sind die spezifischen Gesetze einer bestimmten Ordnung charakteristisch, außerdem jene, die den Übergang zur höheren mit Notwendigkeit bedingen, wobei Marx zwischen den objektiven, hinter dem Rücken der Beteiligten sich ausbildenden Gesetzen und den die Aktivität der Klassen betreffenden unterscheidet. Für die vom Willen unabhängig sich ausbildenden Gesetzmäßigkeiten gelten als bestimmend die aus zufälligen Ereignissen sich ausbildenden Strukturen. Die Art der zufälligen Ereignisse entfaltet sich in der allmählichen Durchsetzung der Warengesellschaft, deren Reife erst das Ausbilden statistischer Mittelwerte gestattet, somit gegenüber dem individuellen Gebrauchswert und Tauschwert erst konkrete Arbeit auf abstrakte reduziert, die konkrete Arbeit vergleichbar macht. Die verschiedenen

Arbeitsarten werden „durch einen gesellschaftlichen Prozeß hinter dem Rücken der Produzenten“ [104] auf einfache Arbeit als ihre Maßeinheit reduziert und damit in allgemeinem Äquivalent vergleichbar. Als abstrakte Arbeit bezeichnet Marx gesellschaftliche Arbeit, Tätigkeiten, die durch Arbeitsteilung und Austausch aufeinander bezogen werden; diese abstrakte Arbeit ist von der konkreten Arbeit stets unterschieden: „Die Wertgröße der Ware drückt also ein notwendiges, ihrem Bildungsprozeß immanentes Verhältnis zur gesellschaftlichen Arbeitszeit aus.“ [105]

Marx beschäftigt sich bei diesen Untersuchungen mit dem Kapitalismus. Er unterscheidet Wert von Preis. Aufeinander bezogen, äußern sich im Preis die konkreten Erscheinungsformen, in denen eine Ware im Austauschverhältnis in Geld realisiert wird. Es stellt sich erst auf dem Markt heraus, ob sie gesellschaftlich durchschnittliche Arbeitszeit repräsentiert, gegenüber diesem statistischen Mittel ihren technischen Stand als Repräsentant des Gebrauchswertes nachweist und im Preis außerdem die Usancen des Handels ihren Ausdruck finden.
Die Preisform enthält nach Marx in sich selbst die Möglichkeit quantitiativer Inkongruenz. Damit wird sie zur „adäquaten Form einer Produktionsweise, worin sich die Regel nur als blindwirkendes Durchschnittsgesetz der Regellosigkeit durchsetzen kann“ [106]. Wiederholt sagt Marx, daß sich die Gesetze der Gesellschaft wie ein Naturgesetz durchsetzen. Die Preisbildung an der Börse sieht Marx als einen historischen Vorgang, bei dem der technische Fortschritt der Kommunikationsmittel erst jedes an beliebiger Stelle der Erde produzierte Produkt in den statistischen Ausgleich der Preise eingehen läßt und ihm den international gültigen Preis gibt, der die lokale Ausgabe konkreter Arbeitskraft in den Ausgleich durchschnittlicher gesellschaftlicher Arbeit einbezieht. Eine allgemeine Statistik ist für Marx eine der technischen Voraussetzungen der Planung der gesellschaftlichen Arbeit auf beiden Stufen des Kommunismus. Die Verteilung der zu akkumulierenden Fonds erfordert nach der „Kritik des Gothaer Programms“ das Kalkulieren durch die Wahrscheinlichkeitsrechnung.[107]

Die Dialektik zwischen Zufall und Notwendigkeit erweist sich für die Marxsche Analyse des Kapitalismus als fundamental und ist für den weiteren Gang der Geschichte angedeutet.

Das Zufällige gilt jeweils unter den vorgegebenen Bedingungen, die das Wirken zufälliger Ereignisse erst als Ergebnis historischer Entwicklung, wie in der ausgebildeten Warengesellschaft, zum Zuge kommen lassen und durch andere gesellschaftliche Ereignisse teilweise stoppen. Gesellschaftliche Planung arbeitet mit zum Teil nicht hinter dem Rücken der Beteiligten zustande gekommenen Daten, da das gesellschaftliche Eigentum an den Produktionsmitteln eine primär nicht über den kapitalistischen Markt gehende Produktion erlaubt. Statistik und Wahrscheinlichkeitsrechnung gewinnen zudem weiter an Bedeutung, da sie zum Abschätzen und Festlegen künftiger Produktionsresultate, des möglichen Wachstums der Arbeitsproduktivität und des technischen Fortschritts dienen. Innerhalb der Entfaltung der dinglichen Seite der Produktion verlangt sie der objektivierte Produktionsvorgang nicht bloß zur Kontrolle der Planproduktion, sondern außerdem zur statistischen Kontrolle der Qualität, des durchschnittlichen Auftretens von Verschleißstellen, der Abschätzung der effektiven Maschinenzeit wie der technischen Kontrolle etwa der Maßhaltigkeit von Produkten der Massenfertigung.

Die gesamte Analyse des Kapitals beruht auf der Grundlage solcher blindwirkender Durchschnittsgesetze, die von Marx nicht als dem menschlichen Handeln schlechthin eigentümlich, sondern als spezielle Gesetzmäßigkeit einer konkreten, historisch entstandenen Gesellschaftsformation, nämlich des Kapitalismus, aufgefaßt sind. Weder begeht Marx damit eine unzulässige animistische Vermenschlichung noch denkt er daran, die Zufälle aus der Geschichte auszuschalten. Vielmehr ist die Einheit von Zufall und Notwendigkeit als fundamentale Wesenseigentümlichkeit der kapitalistischen Gesellschaft verstanden, überdies verglichen mit den Gesetzen, die sich in der Natur ausbilden und von den Naturwissenschaften behandelt werden. Regel und Regellosigkeit sind dabei als dialektische Begriffe formuliert. Indem sie sich ausschließen, verwirklichen sie sich im konkreten gesellschaftlichen Vorgang. Die Regel oder die Gesetzmäßigkeit bildet sich in spezifischer Weise durch die zugrunde liegende Regellosigkeit aus. Die von Kaufman vorgenommene Vergleichung mit der Biologie geht wesentlich weiter in der ungewollten Voraussage, als bis zum Entstehen der Molekularbiologie angenommen werden konnte.

Die von Marx gemeinte Berücksichtigung des Zufalls wird nicht aus methodologischen Gründen vorgenommen. Sie gehört zu den wesensmäßigen Ereignisfolgen der behandelten Gebiete, ist in den verschiedenen Gesellschaftsformationen verschieden. In Abhängigkeit von der Aufgabenstellung hat sich Marx nicht damit zu befassen, wie der einzelne Akt des Stellenwechsels der Ware über den Mechanismus der kapitalistischen Gesellschaft zu dem täglich wechselnden Datum im Kurszettel führt, da er die ökonomischen Denkbestimmungen und allgemeinen Gesetze untersucht, die in dem technischen Prozeß der Preisbildung zur Wirkung kommen. Für die Debatte mit Monod ist nur zu beachten, daß es in der Gesellschaft Erscheinungen gibt, deren Regeln und Gesetze Marx interessierten, in denen die für die Ökonomie interessante Bezugsebene im physikalischen Sinne nicht deterministische Gesetze ausbildet und dialektische Gesetze vorhanden sind, die unter bestimmten Bedingungen Regellosigkeit zur Notwendigkeit werden lassen. Wollte man das willentliche Ausführen von Handlungen als mechanistische Determiniertheit auffassen, dann ergäbe sich folgendes: Aus den bewußten Tätigkeiten gesellschaftlicher Individuen, aus überlegten Handlungsvollzügen entstehen unter der Voraussetzung kapitalistischer Eigentumsverhältnisse bei hinreichender Kommunikation der Verkehrs- und Nachrichtenmittel erst Beziehungen der Regellosigkeit des dialektisch-deterministischen Typus, dann und gleichzeitig Gesetzmäßigkeiten, die damit weiträumige Wechselbeziehungen herzustellen gestatten und mit Notwendigkeit den vorübergehenden Charakter der kapitalistischen Eigentums- und Produktionsverhältnisse bedingen. Es ist ein Vorgang, der neuerdings als Selbstregulation bezeichnet wird, auf jeden Fall die zufällige Folge von Ereignissen oder Regellosigkeit in der Terminologie von Marx zur Grundlage hat.

Die Molekulargenetik untersucht Vorgänge, die sich in Prokarionten und Eukarionten nachweisen ließen, für kernlose und kernhaltige organische Objekte gelten, vom Bakterium bis zum Menschen ihre Funktionstüchtigkeit bewähren. Die dialektische Verbindung von Zufälligem und Notwendigem realisiert sich auf den unterschiedlichen Ebenen der Genetik recht verschieden. Im Erscheinungsbild der Pflanzen ließ sich bei geeigneter und zufällig den Nachweis ermöglichender Sortenwahl an zwei Merkmalen von Erbsen der Nachweis statistischer Vererbung führen. Das Gesetz erwies sich von allgemeiner Tragweite und gestattete zu belegen, daß die Gültigkeit der Regel auch dann vorliegt, wenn im Erscheinungsbild anscheinend nicht die Gesetzmäßigkeit nachzuweisen ist, wenn nämlich Gene sich dominant oder rezessiv verhalten, das eine Merkmal das Erscheinen des anderen im Phänotypus verhindert, wenn sie nebeneinander vorkommen. In den Mutationen äußert sich das Zufällige in genau zu definierender Weise. Unter Zwangsfreiheit versteht Monod speziell eine Zufälligkeit anderer Art, die hier besonders interessiert, weil sie mit Regelung einhergeht. Die chemische Natur des Vorgangs läßt ähnlich wie bei den Mutationen die Aufhellung im molekularen Niveau zu und außerdem die Abgrenzung der zur gleichen logischen Klasse gehörenden Vorgänge zu den zu einer *anderen* logischen Klasse gehörenden Prozessen. Zwangsfreiheit (auf französisch gratuité)[108] definiert Monod als chemische Unabhängigkeit zwischen der Funktion und der Beschaffenheit der chemischen Signale, von denen diese Funktion abhängig ist. Als Beispiel dienen die allosterischen Enzyme. Sie erkennen ein spezifisches Substrat, aktivieren die Umwandlung eines Substrats in ein Produkt. Das „Erkennen" beruht auf dem Eingehen einer chemischen Verbindung und bezieht sich meist auf mehrere andere Verbindungen. Sie steigern oder hemmen Aktivitäten dieser Substrate. Daraus ergeben sich Regelungsverfahren wie Hemmung durch Rückkopplung oder Aktivierung, parallele Aktivierung und Aktivierung durch einen Prekursor, der ein unmittelbarer Vorläufer des zu erzielenden Substrates ist. Die Effektoren gehen wie ein Katalysator unverändert aus dem von ihnen regulierten Vorgang hervor. Sie vermögen beträchtliche Energieumsetzungen zu bewirken und entsprechen nach Monod elektronischen Schaltungen automatisierter Prozesse. Allosterische Enzyme sind von verschiedenen chemischen Potentialen abhängig und reagieren oft nicht linear. Sie messen drei oder vier Potentiale, summieren sie und setzen eine Reaktion mit Schwellenwert in Gang.[109] Das Gewicht eines solchen Moleküls ist eine Billiarde mal geringer als ein mit entsprechender Leistung versehenes elektronisches Aggregat.[110] Das Zufällige sieht Monod darin, das zwischen dem Effektor und den in Bewegung gesetzten Vorgängen keine chemisch notwendige Beziehung besteht.[111] Sie gehören zu den Auslösern, einem seinerzeit von Mittasch verwendeten Begriff.[112] Im mikroskopischen und molekularen Maßstab lassen sich die Vorgänge indes „vollständig durch spezifische chemische Wechselwirkungen erklären ..., die von den Steuerungsproteinen selektiv hergestellt und frei gewählt und organisiert werden"[113]. Das Zufällige ergibt sich nicht in der Reaktion selbst und nicht in der Regulation, sondern in ihrem Entstehen als Bestandteil der biologischen Evolution.

Monod legt seine Beschreibung in einer Weise an, die das Wunderbare der Leistung eines einzigen Eiweiß-Moleküls hervorhebt. Einer der Vorläufer Monods aus den dreißiger Jahren, der finnische Forscher Karstrom, war von den gefundenen Erscheinungen so beeindruckt, daß er Mönch wurde[114], während der Atheist Monod keine derartigen Schlußfolgerungen zog. Vielmehr betont er, daß offensichtlich keine komplexen Systeme mit vielen Bestandteilen nötig sind, um die organische Kontrolle von Vorgängen durchführen zu können. Die benutzten Mittel der Natur erscheinen nach entsprechender Aufhellung relativ einfach. Überraschend ist, daß Monod die spezifisch chemische Wechselwirkung betont und gleichzeitig einen ganzen Katalog anthropomorpher Handlungen nennt, die den Molekülen analog zugeschrieben sind. Sie erkennen, wählen frei, besitzen völlige Freiheit. Die Steuerungsproteine stellen die spezifischen chemischen Wechselwirkungen selektiv her und organisieren sie ebenfals frei.[115] Philosophisch übersteigert Monod damit den von ihm wiedergegebenen und zum Teil selbst entdeckten Inhalt der molekularen Regulation, für die er eigentlich das Diktat der Gene und die Zwangsläufigkeit der Prozesse hervorheben wollte. Ohne Zweifel liegt eine gleiche Kategorie von Vorgängen zugrunde, die den Eindruck zu erwecken vermögen, es handele sich im religiösen Sinne um Wunder. Die Organisation der grundlegenden biologischen Vorgänge enthüllt sich als Wirkungsbreite von Molekülen, die auch dann noch tiefsten Eindruck machen, wenn sie in wesentlichen Bestandteilen ihrer Wirkungsbreite aufgedeckt sind.

Zum Unterschied von vitalistischen Vorstellungen lassen sich Prozesse chemisch und physikalisch darstellen, für die der philosophische Idealismus bis lange nach Driesch eine besondere Lebenskraft in Anspruch nahm. Da seit Demokrit der Zufall in den gesetzmäßigen Prozeß des Werdens einbezogen ist, muß sich die Mehrfachwirkung der allosterischen Enzyme ebenfalls zufällig, d. h. durch Mutation, ausgebildet haben, mit dem Erzielen einer in der Selektion sich bewährenden Funktionstüchtigkeit aber durch den genetischen Code fixiert worden sein. Da es sich um *einzelne* Moleküle handelt, die solcher vielfältigen Reaktionsweise fähig sind, ist in materialistischem Sinne unterstrichen, daß die Materialität der atomaren Gebilde außer Zweifel steht, zum anderen die üblicherweise als Mechanismus bezeichnete nichtmechanische Wirkungsweise von Makromolekülen im Prinzip auch dann der Wissenschaft zugänglich gemacht werden kann, wenn auf den ersten Blick Unerkennbarkeit vorzuliegen scheint. Die Erkennbarkeit bestätigt isch, ebenfalls aber die Möglichkeit, mikroskopisch vorzugehen. Da die Anschauung zu Hilfe genommen werden kann, wie Monod betont, sei unnötigerweise darauf verwiesen, daß die Hypothese und das Denken sowie die benötigte technische Ausrüstung der Elektronenmikroskopie dem sinnlichen Wahrnehmen vorausgeht, soweit es sich um die molekularen Prozesse handelt. Auch im makroskopischen Bereich ist das Wahrnehmen von Mustern an die geschichtlich sich entwickelnde gesellschaftliche Erfahrung gebunden. Der Prognose auf künftige Möglichkeiten der naturwissenschaftlichen Erkenntnis sind relativ enge Grenzen gesetzt. Es ist schon viel, wenn in der Tradition der vormarxistischen und der marxistisch-leninistischen Materialisten die grundsätzliche Erkennbarkeit der Welt ausgesprochen wurde und allen Schwierigkeiten des konkreten Erkenntnisprozesses zum Trotz fester Bestandteil ihrer Weltanschauung geblieben ist. Immer wieder stellt sich seit Demokrit heraus, daß das Festhalten an der Atomhypothese einen wirkungsvollen Antrieb für die einzelwissenschaftliche Forschung gegeben hat, obwohl in über 2000 Jahren keinerlei Aussicht bestand, die Hypothese zu testen. Nur deshalb macht es sich für ähnliche

Fälle nötig, sich gegen den blanken Empirismus der Bedeutung der Theorie zu versichern. Das Primat der Materie, von der jeder Materialismus ausgeht, gewinnt damit erst seine Übrelegenheit über die verschiedenen Varianten des philosophischen Idealismus.

Monod vermutet, daß bei den mehrzelligen Organismen ebenso wie bei Einzellern allosterische Wechselwirkungen in den spezialisierten Systemen die Koordination zwischen Zellen, Geweben und Organen bewirken. Sie entziehen sich, wie Monod anmerkt, bisher fast vollständig der mikroskopischen Beschreibung.[116] Es sei aber darauf verwiesen, daß nach Marx erst die ideelle Abbildung die Theorie schafft, ein in der Molekularbiologie ebenso geltender Grundsatz, nach dem Monod, Jacob, Changeux und andere durchaus gehandelt haben.

Wenn Monod von der selektiven Aktivität der Protein-Moleküle spricht, dann zeigt sich darin der bedingte Zufall, keineswegs eine absolute Zufälligkeit. Sterische Strukturen belegen die Objektivität raum-zeitlicher Ordnung, die ein Kennzeichen materieller Objekte darstellt und mit van't Hoff den subjektiven Idealismus der Kolbe und anderer Antiatomisten zu widerlegen gestattete. Sicherlich kommt dem Impuls seiner Habilitationsschrift in weltanschaulich-materialistischer Hinsicht eine größere Bedeutung zu als seiner Entdeckung, daß der osmotische Druck bei verdünnten Lösungen einem Gesetz folgt, das dem Gasgesetz analog ist. Monods Beschreibung der molekularen Ontogenese vertritt den Standpunkt, daß es bei den kompliziertesten und wunderbar erscheinenden Vorgängen der Funktionen des Eiweißes mit rechten Dingen zugeht. In den Molekülen des Proteins sind in den Einheiten und Untereinheiten physikalische und chemische Eigenschaften enthalten, die die im Lebensprozeß benötigten und von den Genen angewiesenen Vorgänge zu verwirklichen gestatten. Da Monods Arbeit über „Zufall und Notwendigkeit“ in erster Linie weltanschauliche Zwecke verfolgt, liegt darin eine strikte Durchführung materialistischer Prinzipien. Das Entstehen makroskopischer Strukturen ist konsequent auf die mikroskopischen, das heißt in diesem Fall molekularen Gebilde zurückgeführt. Die Eigenschaften der Moleküle sind als ausreichend beschrieben, die dem unbewaffneten Blick erscheinenden Formen, Gestalten und Prozesse darstellen zu können. Monod benutzt den von Descartes (1596–1650) geprägten Ausdruck, die Lebewesen seien Maschinen. Die mechanistische Haltung des Descartes zeigt sich am deutlichsten in den Titeln seines auf Anraten Mersennes seinerzeit zurückgezogenen Abrisses über die Welt, in dem die kopernikanische Lehre vertreten war; der gegen Galilei geführte Prozeß war jedoch ein Warnsignal. Der von einem gewissen Clerselier 1664 publiziertte Traktat erhielt zusammenfassende Überschriften, in denen es heißt: Von der Maschine eines Körpers (erster Teil), Wie sich die Maschine eines Körpers bewegt (zweiter Teil), Von den äußeren Sinnen der Maschine (dritter Teil) und wie sie sich zu den menschlichen seelischen Empfindungen verhalten, d. h. den aus dem Gehirn austretenden Nerven, von der Struktur des Gehirns dieser Maschine und wie die Lebensgeister sich verteilen, um Bewegung und Gefühl zu verursachen. Der Körper gilt gleich einer Statue oder Maschine, die nur etwas komplizierter eingerichtet sei als die vom Menschen gebildeten Uhren, Springbrunnen, Mühlen und ähnliche Maschinen. Durch die Kybernetik wieder hieran erinnert, betont Jacques Monod, es lasse sich zwar ein solcher Vergleich benutzen und man könne die Funktionen von Lebewesen mit Maschinen vergleichen: „Von diesen unterscheiden sie sich aber radikal in ihrer Konstruktionsweise.“ [117] Im Gegensatz dazu möchte Monod zeigen, daß „dieser Prozeß einer spontanen und autonomen Morphogenese in letzter Instanz auf den stereospezifischen Erkennnungseigenschaften der Proteine beruht“ [118]. Diese kognitiven Funktionen sind von Monod als physikalisch diagnostiziert.[119] Gegen die moderne Maschinentheorie ist im Prinzip darauf verwiesen, daß wir die einen gemacht und die anderen nicht gemacht haben, um den Ausdruck von Vico (1668–1743) zu benutzen, jenem florentinischen Entdecker der Beziehungen zwischen Religion und Klassengesellschaft, den Marx erwähnt. Es handelt sich in dem Vermerk von Jacques Monod um einen wertvollen Gesichtspunkt, auf den hingewiesen werden soll, weil gelegentlich die Illusion besteht, daß in der Produktion unmittelbar Naturprozesse nachgebildet würden. Es besteht jedoch ein nicht zu übersehender Unterschied zwischen den natürlichen Reaktionsweisen und den in der Natur sich ausbildenden Gestalten und den technischen Geräten, Produktionselementen und Einheiten, die zuvor durch den Kopf gegangen sind, bevor sie realisiert werden. Zum Teil sind sie der Natur überlegen, zum Teil ihrer Leistung nach unterlegen, auf jeden Fall aber menschliches Produkt, auch wenn sie automatisch gefertigt und eventuell partiell entwickelt wurden. Die molekularen Eigenschaften deuten an, bis zu welchem Grade biologische Funktion sich verfeinert und auf andere Weise eventuell anzunähern ist, aber eventuell biologische Leistungen technisch auswertbar sind, wie es bei industriell genutzten Bakterienkulturen bereits geschieht und in einigen Techniken Anwendung findet. Die molekularen Eigenschaften von Oberflächen werden indes etwa im Maschinenbau schon relativ lange berücksichtigt, eine von den vorgegebenen Toleranzen abhängige Notwendigkeit.

Die Idee Descartes' hat sich erhalten. Im Vergleich der Lebewesen mit Maschinen ist vornehmlich angesprochen, daß es sich um erkennbare Vorgänge handelt, die in Organismen wirksam sind. Die utopisch vorwegnehmende Phantasie meinte aus Descartes herauslesen zu können, es sei ähnlich leicht, lebende Organismen künstlich zu fertigen und möglichst gleich Menschen herzustellen. Die wesentlich weniger weit gehende technische Wissenschaft hat bei geringeren Ansprüchen auf absehbare Zeit genügend zu tun. Die Entwicklung des Menschen innerhalb der Gesellschaft bietet den Gesellschaftswissenschaften hinreichende Aufgaben. Die Tätigkeit der sozialistischen Staaten belegt unter anderem schon die widerspruchsvolle und nicht unkomplizierte Aufgabe, den vom Imperialismus besonders gezüchteten und kultivierten Entfremdungskomplex aus dem durch die antagonistische Klassengesellschaft vorprogrammierten Bewußtsein zu entfernen. Auf Descartes' Maschinenvergleich gründet sich andererseits der materialistische und atheistische Grundsatz, nach den Mechanismen der Selbstorganisation der Materie zu suchen. Das Anwenden von Chemie und Physik gibt dazu die Grundlage, ohne den Gegenstand der Biologie, aber auch ohne die Biologie als eigenständige Disziplin zu beseitigen. Sie nimmt in sich Chemie und Physik sowie physikalische Chemie auf und befindet sich wie viele andere Disziplinen in der Situation, daß ihre weitere Entwicklung als eigenständiges Gebiet

Gemeinschaftsarbeit in der Form interdisziplinärer Zusammenarbeit erfordert. Die in der Biologie gesuchten Mechanismen vereinigen Zufall und Notwendigkeit zu Gesetzmäßigkeiten, in denen der eine oder der andere Sachverhalt überwiegt. Selbstverständlich existierten neben den genannten viele andere Denkbestimmungen, die hier nicht näher zu erörtern sind. Die Dialektik zwischen Zufall und Notwendigkeit erwies sich in der Biologie als die spektakulärste Vereinigung entgegengesetzer Kategorien.

Die stereospezifischen Erkennungseigenschaften von Eiweißen bedingen das Vorhandensein von Molekülen mit den Eigenschaften von Kristallen. Ihre Struktur wiederholt sich identisch und ergibt unbeschadet des komplexen Aufbaus und der Menge beteiligter Atome und Atomgruppen identische Beugungsbilder, die auf Interferenzerscheinungen beruhen. Monod führt den Vergleich für einfache und kompliziertere Formen durch. Grundlage ist die Eigenschaft von Molekülen chemisch gleicher Art, sich untereinander zu assoziieren. Das gleiche gilt für die Ribosomen, kleine Organe der Zelle, ohne die der Übersetzungsvorgang des genetischen Code in Proteine nicht erfolgen kann. Ihre dreißig verschiedenen Proteine und drei Arten Nukleinsäure lassen sich dissoziieren. Im Experiment lassen sich die verschiedenen Unterabschnitte außerhalb des Organismus wieder vereinigen und zur Funktionstüchtigkeit bringen. Ähnlich wie es gelingt, Genabschnitte zu synthetisieren, bieten sich solche Fälle als Exempel möglicher künstlicher Herstellung lebender Objekte an[120], womit aber noch nicht ein einziges Bakterium artifiziell herstellbar ist. Monod benutzt das Beispiel, um nachzuweisen, daß sich in der Natur auf Grund von physikochemischen Eigenschaften Ordnung ausbildet, wobei der Übergang vom nichtlebenden zum organisch funktionstüchtigen Aggregat fließend ist: „Die vollendete Struktur", schreibt Monod, „war nirgendwo als solche präformiert. Aber der Strukturplan war schon in seinen Bestandteilen vorhanden."[121] Immer wieder auf die Innerweltlichkeit der Lebensvorgänge anspielend, versichert Jacques Monod, der Aufbau einer Struktur sei keine *Schöpfung*, sondern eine *Offenbarung*[122], nämlich eine Wiedergabe und Abbildung natürlicher Vorgänge, die den vitalistischen Lebensfaktor in Naturgesetzmäßigkeit aufgelöst haben.

Die im Organismus ausgebildeten Proteine erweisen sich als komplexer als die Erbinformation in den Genen. Daraus leiteten einige Theoretiker eine erneuerte vitalistische Hypothese ab, die Monod ebenfalls zurückweist. Der Gewinn an Information, der tatsächlich in der Welt der Prokarionten und Eukarionten enthalten ist, entspringt nach Monod den physikalischen und chemischen Grundgesetzen, aus denen zwangsläufig Gebilde entstehen, die der inneren Selektion, d. h. der Verwendbarkeit innerhalb des Organismus, und der äußeren Selektion der Umwelt unterzogen werden. Damit gelingt das Umsetzen der genetischen Information in die Dreidimensionalität der verschiedenen Eiweiße. Bei der Betrachtung der Folge von Aminosäure-Radikalen in den Polypeptidketten der Eiweiße zeigt sich die außerordentliche Vielfalt, aus der sich die vokommenden Eiweißmoleküle gebildet haben. In diesem Falle philosophisch völlig korrekt, verweist Monod auf die Bedingtheit des Zufalls. Man hatte angenommen, in den Eiweißen werde man eine relativ einfache Regelmäßigkeit entdecken. Als 1952 die Folge der Aminosäuren im Insulin bekannt wurde, ließ sich keine einfache Gesetzmäßigkeit der Abfolge konstatieren. Wenn die Eiweiße im Durchschnitt über 150 Radikale verfügen, für deren Folge Aminosäuren zur Verfügung stehen, sind 20^{150} isomere Polypeptidarten statthaft. Um die Größe der Zahl und der möglichen Arten aufzuzeigen, pflegt als Mittel der Illustration daran erinnert zu werden, daß das ganze zugängliche Weltall bei relativ dichter Packung mehrmals mit verschiedenen Polypeptidmolekülen ausgefüllt werden könnte. Jedes vorhandene Eiweißmolekül auf der Erde könnte verschieden von dem anderen sein. Die Folge der Aminosäuren ist zufällig. Monod demonstriert die Art des bedingten Zufalls mit einem Kartenspiel von etwa 200 Karten, deren jede die Bezeichnung einer Aminosäure tragen soll, die ihrerseits nach dem empirisch gefundenen statistischen Mittel über die Anzahl der vorhandenen Karten verteilt sind. Dann ergäbe sich der gleiche Typus von Folgen, wenn man aus dem Kartenspiel durch beliebiges Ziehen die Abfolge eines Polypeptides festlegen wollte, der gleiche in der Natur vorgefundene Typus. Die Grenze des Zufälligen ist demnach die Anzahl der Aminosäuren und die durchschnittliche Länge der Polypeptidketten, aus denen sich die Makromoleküle der Proteine aufbauen. Da demnach nur eine geringe Zahl möglicher Folgen verwirklicht wird, die identisch reproduzierbar sind, zeigt sich einerseits die Strenge der genetischen Kontrolle und andererseits die Auswahl. Allein die Annahme des Zufalls als eines wesentlichen Faktors bei der Entwicklung des Lebens gestattet das Durchführen der innerweltlichen Position hinsichtlich der Biologie. Damit aber läßt sich begreifen, wie die wunderbar scheinenden Funktionen des Lebens im Laufe der gegenwärtig etwa anzunehmenden dreieinviertel bis dreieinhalb Milliarden Jahre Existenz organischer Objekte, die Organe des Sehens, Fühlens und Denkens durch den blinden Zufall – blind läßt sich hier sinnvoll anwenden – mit dem Mittel des Durchprobierens entstanden sind. Gelegentlich findet sich noch, nicht bei Monod, die Annahme, es handele sich dabei gerade nicht um Gesetzmäßigkeit. Das Benutzen und empirische Erzeugen solcher Zufallsfolgen hat sich bei dem Arbeiten mit Rechnern in der elektronischen Datenverarbeitung und bei dem praktischen Lösen zahlreicher Aufgaben in der Industrie, der Agrikultur und Viehzucht, der Militärtechnik und bei Berechnungen von Forschungsproblemen als nützlich erwiesen. Deshalb erleichtert es das Durchsetzen solcher Verfahren nicht, wenn auch Monod, bevor er die Art der spezifischen Gesetzmäßigkeit schildert, davon spricht, es habe sich „keine Regelmäßig keit, keine Besonderheit, keine Einschränkung entdecken lassen, als die Sequenzaufklärung des Insulins gelang“[123]. Es hat sich erwiesen, daß unabhängig von dem Herstellen von Zufallszahlen und ihrem Vorfinden in Prozessen von Natur und Gesellschaft oder dem Denken jene Regelmäßigkeiten, die sich im „blinden“ Zufall nachweisen lassen, den Zugriff auf die betreffenden Vorgänge erleichtern. Den gesamten Kosmos, einschließlich jeder seiner Entwicklungsstufen und Entwicklungsprodukte als durchweg gesetzmäßig zu verstehen, heißt mit der Modellvorstellung mechanistischer Denkweise aufzuhören und sie durch dialektisch-materialistisches Denken zu ersetzen. Jede Inkonsequenz assoziiert unter Umständen andere Folgen, als das zutreffend Gemeinte eigentlich zum Ausdruck bringen wollte. Wird also das Vorhandensein von Gesetzmäßigkeit und Regelmäßigkeit erst verneint und dann zurückgenommen, kann die erste Aussage wieder zum Theologisieren zurückführen.

Gesetzmäßigkeit und spezifische Regelmäßigkeit liegt auch dann vor, wenn sich aus der Kenntnis von 199 Bausteinen eines Proteins das folgende Radikal *nicht* voraussagen läßt.[124]

Unvermeidlichkeit der Entwicklung

In der Natur setzt sich Entwicklung durch, eine gegenwärtig *fast* allgemein unter den Naturwissenschaftlern akzeptierte Anschauung, die weltanschaulich von Belang ist, von vielen allerdings nicht auf die Gesellschaftsformation ausgedehnt wird. Walter Vent verweist auf P. H. Davis und V. H. Heywood, die für die Botanik und die Klassifikation ihrer Objekte stammesgeschichtliche Beziehungen ausschalten wollen und sie genetischen Zusammenhängen entgegenstellen[125], ein ungerechtfertigter Einwand gegen die Entwicklungslehre, da die Genetik seit Gregor Mendel die Beziehung zur Evolutionstheorie kennt. Das Beachten der im genetischen Material nachweisbaren Beziehungen bietet vielmehr ein zusätzliches Mittel, die stammesgeschichtlichen Beziehungen näher präzisieren und die klassische Systematik, von der die Evolutkonstheorie ausging, bereichern zu können.

Die vielfältigen Möglichkeiten auf bedingten Zufall aufbauender Reaktionsweisen nutzen die Organismen bei der Bildung von Antikörpern, mit denen artfremdes Eiweiß, z. B. aggressiver Bakterien oder Viren, unschädlich gemacht wird. Die von Monod gegebene Hypothese beruht auf dem Anwenden der Theorie der allosterischen Moleküle auf diesen Teil des Verteidigungssystems organischer Objekte. Die Antikörper treten erst in Erscheinung, wenn der Körper mindestens einmal mit jenem Antigen genannten artfremden Eiweiß Bekanntschaft gemacht hat. Genetisch ist demnach nicht die spezifische Reaktionsweise fixiert, mit der nicht nur natürlichen, sondern auch synthetischen, von Menschen erzeugten und in der Natur nicht vorkommenden Stoffen entgegengewirkt wird. Monod nimmt die genetisch bedingte Produktion von Molekülen an, die allosterisch stets auf mehrere Fremdobjekte zu reagieren vermögen, dabei infolge des Vorhandenseins von Bindungen, die mit dem zu bindenden Substrat keine gemeinsame Elektronenbahn eingehen, in der

Lage sind, mit geringfügigem Energieaufwand das fremde Objekt abzutasten. Als bewiesen ist angesehen, daß sich der Antikörper nicht aus dem Antigen ableitet. Vermutlich seien es Rekombinationsvorgänge und Mutationen, die die bereits ursprünglich vorhandene Vielfalt noch weiter ausdehnen. Monod spricht von einem Roulettespielen zwischen dem genetischen Substrat und den potentiellen unspezifischen Schutzzellen. Soviel scheint sicher zu sein, daß sich schnelle organische Vorgänge einschließlich der während des Lebensprozesses eintretenden Mutationen über bedingt zufälliges Geschehen einschalten. Damit wären die Mutationen auch unmittelbar für den existierenden Organismus positive Mittel der Erhaltung des Individuums. Abgesehen von diesen zweckmäßig ausgenutzten Mutationen wird nach Monod in der gegenwärtigen Weltbevölkerung mit einer Anzahl von 100 bis 1000 Milliarden Mutationen gerechnet[126], wobei anzunehmen ist, daß während der letzten 5000 Jahre bei kaum veränderter Mutationsrate keine wesentliche Veränderung der gegenwärtigen Erscheinungsform des Menschen eingetreten ist. Unter diesen Bedingungen ist das Vorhandensein von relativer Konstanz der Arten schwerer erklärbar als das von Evolution.[127] In der Geschichte der menschlichen Gesellschaft entspricht dem das Verhältnis zwischen den vielen Veränderungen der Produktivkräfte, soweit sie überschaubar sind, und den wenigen Gesellschaftsformationen, die sich in progressiver Aufeinanderfolge ausgebildet haben. Innerhalb der im ideologischen Klassenkampf aufeinanderstoßenden Lehren und Meinungen verhält es sich aber umgekehrt wie in der Biologie und anderen Naturwissenschaften. Da die Entwicklungstheorie der Gesellschaftsformationen mit dem Klasseninteresse der herrschenden Klasse des Kapitalismus in Widerspruch steht, ist die Arbeiterklasse für ihre praktische und theoretische Vertretung zuständig, wobei sie zunehmend Partner auch in den nichtsozialistischen Ländern findet.

Monod bewertet das zufällige Moment der biologischen Evolution zu hoch, wenn er das Auftreten von Leben im Kosmos für vielleicht nur einmalig hält[128], eine von Manfred Eigen *nicht* geteilte Ansicht.[129] Unabhängig von dieser Differenz setzt sich biologische Evolution jedenfalls gegen die Selektion durch: „Ihr Wirkungsfeld ist ein Bereich strenger

Erfordernisse, aus dem jeder Zufall verbannt ist."[130] Als Resultat ergibt sich eine meist aufsteigende Richtung[131], die Monod für die Biologie begründet. Sie beruht auf einer Selbstkontrolle des Organismus. Jede Neuerung durchläuft eine Testung, „ob sie mit dem Gesamtsystem des Organismus vereinbar ist"[132]. Eine an sich nützlich scheinende Mutation vermag sich bloß dann durchzusetzen und das Sieb der individuellen Steuerung und Regelung zu durchbrechen, wenn sich eine Gruppe von Mutationen fixiert hat.[133] Die von Monod gesehene, vorwiegend aufsteigende Evolution entsteht aus einem Vorgang, der von den reversiblen Punktmutationen zu irreversiblen Neuordnungen führt. Da die Hin- und Rückmutationen eines der genetischen Buchstaben noch keine Gewißheit und wahrscheinlich auch keine Möglichkeit bieten, innerhalb der Evolution eingreifende Folgen zu setzen, ist „eine große Zahl unabhängig voneinander erfolgender Mutationen"[134] vorausgesetzt. Die Irreversibilität ergibt sich statistisch.[135] Monod benutzt zu dieser Überlegung den Zweiten Hauptsatz der Thermodynamik, wie erwähnt, und interpretiert, es handele sich bei der selektiven Evolution „um eine Maschine, mit der man in der Zeit zurück gehen kann"[136], eine von Manfred Eigen ebenfalls nicht geteilte Meinung[137], auf die hier nicht weiter einzugehen ist. Maßgeblich ist der von Monod *und* Eigen gegebene Nachweis der Irreversibilität der organischen Evolution, wobei die Annahme einer Zeitumkehr als physikalisch nicht haltbar zu betrachten ist.[138]

Als Redeweise erscheint es irreführend, da wörtlich darunter zu verstehen wäre, daß biologische Entwicklung ein Rückgehen in der Zeit wäre, während es sich um Vorgänge handelt, die Werden und Vergehen beinhalten, als organische Evolution aber jedenfalls in einem Abschnitt der Entfaltung nach dem mit hoher Wahrscheinlichkeit zutreffenden Modell des sowjetischen Mathematikers Friedman als pulsierend aufzufassen sind. Der gegenwärtigen Expansion, nachgewiesen durch die Rotverschiebung, entspricht die irreversible Richtung der biologischen Evolution. Manfred Eigen gibt eine mathematische Ableitung, in der die Notwendigkeit belegt ist, mit der bei einem als stochastisch aufgefaßten zufälligen Geschehen evolutive Vorgänge unbedingt eintreten *müssen*. Die Grundlagen des Versuches sind empirisch, entstammen den vorhandenen Kenntnissen der Entwicklung des Lebens. Darüber hinaus sucht Eigen nachzuweisen, daß die physikalischen Gesetze und die Erscheinungen der unorganischen Welt einen Trend aus sich heraus mit jener Unvermeidlichkeit erzeugen, die schließlich vom anorganischen zum organischen Existieren aufzusteigen zwingt, obwohl zufällige Prozesse als stets gegenwärtig zu betrachten sind. Mit dem Ausdruck „unvermeidlich" ist angedeutet, daß trotz allen der Evolution des Kosmos als Ganzen und in dem beschränkten Bereich der Erde entgegenwirkenden Tendenzen die Entwicklung als notwendige Folge der Naturgesetze entsteht, also nicht mehr zufällig vorhanden ist. Trotzdem bleiben die Entwicklungsprodukte des Lebens Ereignisse, die eine geringere Wahrscheinlichkeitsverteilung aufzuweisen haben als jene Vorgänge, die die Astrophysik in den Milchstraßen des Kosmos zugänglich macht und die vorwiegend Kernprozesse signalisieren; wobei zu beachten ist, daß die eintreffenden Photonen, die von anderen Galaxien und ihren Sternen und Kernen Zeugnis geben, Nachricht von Zuständen übermitteln, die eine entsprechende Anzahl von Lichtjahren zurückliegen. Oparins Annahme von 1924, das Leben habe sich aus anorganisch entstandenen Kohlenwasserstoffen gebildet, findet eine entschiedene Unterstützung durch die Analyse des interstellaren Mediums unserer Milchstraße. In ihr ließ sich das Vorhandensein von Wasserstoff, Kohlenmonoxid, Ammoniak, Wasser, Zyanwasserstoff, Formaldehyd, Ameisensäure, Methylalkohol und eine Anzahl anderer Kohlenwasserstoffe nachweisen. Eigen bezieht sich ausdrücklich auf diese Vermutung Oparins aus den beginnenden zwanziger Jahren[139], die von der sachlichen Seite her C. H. Townes Mitte 1971 bekräftigte. Der Nachweis solcher Moleküle läßt erkennen, daß unter den Bedingungen primitiver planetarer Atmosphäre ihr Entstehen möglich ist. Unter geeigneten weiteren Bedingungen, die sich anschließend ausbilden, formen sich Aminosäuren und komplexere Moleküle. Damit sind die ersten Bedingungen der Selbstorganisation der Materie gegeben, von denen Eigens Ableitungsversuch ausgeht. Die Evolution beginnt mit Zufallsereignissen.[140]

Zu den Voraussetzungen Manfred Eigens gehört, daß in der Übergangsphase in der sich Nukleinsäuren und Aminosäuren ausbilden und schließlich Eiweiße entstehen, keine „Information“ vorliegt, die den Bedingungen der Informationstheorie J. von Neumanns, Nobert Wieners und C. Shannons entspricht, da niemand da sei, zuvor zu definieren, was „Information“ sei und wie sie von „Unsinn“ getrennt werden müsse. Da die biologischen Makromoleküle eine sehr hohe Informationskapazität besitzen, ist die Wahrscheinlichkeit, bei Vorhandensein kurzer Sequenzen Reproduzierbarkeit zu konstituieren, praktisch gleich Null.[141] In den DNS-Ketten der Chromosome befindet sich geschätzt ein Informationsgehalt von 10^{10} bit als Auswahl aus 10^{3} Milliarden möglicher bit.[142] Für das Verständnis der Bedingtheit des Zufälligen ist dieser Vergleich außerordentlich wichtig, da damit auf die Wechselbeziehung mit Umgebung und Geschichte der korrespondierenden Gesamtheit hingewiesen ist.[143] Die Anzahl der vorhandenen bit sagt nach Eigen nicht allzu viel über ihre funktionelle Bedeutung.[144] Mit anderen Worten, die Selbstorganisation der Materie verlangt, außer dem sich in spezieller Weise entwickelnden Objekt, den Nukleinsäuren und den Aminosäuren sowie ihren atomaren und molekularen Vorstufen, stets die *nähere* Umwelt zu berücksichtigen, da erst aus ihrer Wechselwirkung die Auswahlfaktoren zum Zuge kommen, die die gegebenen ungeheuren Möglichkeiten reduzieren und in bezug auf Evolution Sinn hervorbringen, der als *Leben* weitere spezifische Entwicklung bedeutet. Die weitere Reduktion der gegebenen Möglichkeiten, die das organische Substrat ausnutzt, bringt schließlich nach dem Durchprobieren von vielen Vergesellschaftungen von Pflanze und Tier, auf bis in die Gegenwart erhaltene Endosymbiose zwischen Sauerstoff verbrauchenden und Sauerstoff nicht verbrauchenden Einzellern zurückgehend, die Möglichkeit, Produktionsinstrumente anzuwenden, wobei sich schließlich unter verschiedenen Ansätzen in der natürlichen Evolution der homo sapiens als in besonderer Weise befähigte Art durchsetzt. Aus der Dialektik von individuellen Molekülen und jeweiliger, sich ebenfalls verändernder Umwelt entstehen schließlich jene Varianten mit Selektionsvorteil. Die jeweilige Umwelt bezieht nicht den ganzen Kosmos ein, da die nähere Umgebung bereits stets für die konkret sich verändernden und kombinierenden einzelnen Moleküle als begrenzende und beschränkende Randbedingung wirkt. Das mathematische Durchrechnen auf physikalischer und chemischer Grundlage hat den Sinn, die Reste idealistischer Vorstellungen auszuräumen, daß für die Annahme des Zufalls keine hinreichende Zeit zur Verfügung stände, Sinnvolles niemals aus sogenanntem Sinnlosen hervorzugehen vermöchte. Bei Jonathan Swift und dem frühen Diderot wurden in „Gullivers Reisen" und in den „Philosophischen Gedanken" solche Überlegungen noch angestellt. Swift schien die Anwendung der Mathematik auf nicht oder noch nicht zutreffende Bereiche widersinnig. Diderot kam schließlich zu der Überzeugung, daß man Demokrits Annahme von der Entstehung des Lebens durchaus benutzen könnte, und zwar im Anschluß an Maupertuis, den damaligen Präsidenten der Preußischen Akademie der Wissenschaften zu Berlin. Swift betrachtete auch mit Mißtrauen das Anwenden der von Cromwell geforderten, von Petty entwickelten Statistik. Diderot hielt das Zufällige für tragfähig genug, Entwicklung in der Natur durchzusetzen, womit er zum atheistischen Materialisten wurde. Das mathematische Überschlagen des gesamten Evolutionsprozesses bedeutet keineswegs, wie gelegentlich vermutet wird, einen Verzicht auf die empirische Forschung und den Abbau der klassischen Disziplinen der Biologie, die immer noch den beträchtlichsten Teil der Anwendung in Agrikultur und Viehzucht beeinflussen. Vielmehr bedeutet das Berechnen in dem gegenwärtig als gegeben erachteten Zeitraum das Testen der Voraussetzungen, die zu machen sind, um neue Evolution zuzulassen. Ergibt sich aus den Rechnungen keine Evolution, dann bieten die betreffenden Modelle den Anreiz, nach weiteren natürlichen Sachverhalten zu forschen, um sie als Randbedingung und zu berücksichtigenden Faktor in die Struktur des Modells einzuführen. Das Empirische wird also in keiner Weise ausgeschaltet, sondern umgekehrt das vorhandene empirische Forschungsmaterial benutzt und auf die weitere Vertiefung der Forschung an bestimmten schwachen Stellen verwiesen. Zu beachten ist außerdem, daß solche die gesamte Evolution betreffenden Überlegungen erkenntnistheoretisch insofern interessant sind, als sie von Ergebnissen ausgehen, die auf einem verhältnismäßig sehr engen Gebiet gefunden werden konnten, also etwa an der Obstfliege Drosophila, dem Tabakmosaikvirus oder dem Colibakterium. Entstand die Evolutionstheorie aus makroskopischem Material, so erfolgt die Verfeinerung an den Untersuchungen auf molekularer Ebene und sucht zwischen beiden Bereichen die Verbindung herzustellen.

Die Selektion liefert demnach einen Wertgewinn, der in den möglichen Kombinationen noch nicht enthalten ist. Weil die Anzahl möglicher Kombinationen aber sehr groß ist, ist die Wahrscheinlichkeit, daß Leben auch mit anderen Mechanismen realisiert worden ist, sicherlich größer als Null. Es läßt sich sowohl denken, daß eine Zeitlang verschiedene Mechanismen miteinander konkurrierten, als auch, daß in verschiedenen Regionen des Kosmos unterschiedliche Molekülkonfigurationen zu ähnlichem Effekt führten. Eine endgültige Antwort kann allein die Beobachtung geben, das heißt die empirische Begegnung mit identisch oder anders organisiertem Leben, ein bisher nicht eingetretener Fall. Gegenüber früheren Vorstellungen ist mit der durch die Astrophysik eingetretenen Ausweitung des Kosmos auch der Bereich hinausgeschoben worden, in dem Leben als auffindbar erscheint. Könnte man momentan und nicht durch Vermittlung mit Lichtgeschwindigkeit bewegter Signale aus Milliarden Lichtjahren Entfernung Mitteilungen erhalten, dann ließe sich der gegenwärtige Entwicklungsstand entfernter Regionen leichter vergleichen als mit Hilfe der jetzigen Astronautik. Im Anschluß an Einstein gibt es geschwindigkeitsfreie Signalübermittlung aber voraussichtlich nicht, obwohl solche Verfahren immer wieder diskutiert werden.

Eigens eingeschränkter Zufall ist formuliert als Selektion mit speziellen Substanzen unter speziellen Bedingungen. Der Evolution der individuellen Art geht eine vorbiotische chemische Phase voraus und eine Phase der Selbstorganisation der Moleküle und ihre Entwicklung zu sich vervielfältigenden Individuen. Eigen nimmt mit I. Prigogine und P. Glansdorff (Arbeit von 1971) gegen Monod an, daß eine Übereinstimmung mit dem zweiten Hauptsatz der Thermodynamik vorliegt, keine Zeitumkehr erfolgt, erweitert aber deren Auffassung über das autokatalytische Reaktionsverhalten entsprechender Moleküle auf einen sogenannten Informationsraum.[145] Eigen bezieht sich auf ähnliche physikalische

Überlegungen, verneint aber die Rolle makroskopischer Raumverteilung der in Frage kommenden Moleküle und zielt auf die durch Selektion erfolgende Auswahl potentiell funktionsfähiger Gebilde. Hier interessiert philosophisch, daß Eigen von der Existenz eines genetischen Code ausgeht und von dort her die Interpretation der physikalischen Gesetze sucht, die die nachgewiesene Leistung zu bringen vermögen. Nicht der Makroraum, sondern die mikrophysikalische Struktur des Raumes ist für den versuchten Nachvollzug des Evolutionsgeschehens herangezogen.[146] Im übrigen gilt die Annahme, die betreffenden Vorgänge vollzögen sich in der Nähe eines Fließgleichgewichtes. Die mathematisch formulierten Überlegungen gehen von der weiteren Voraussetzung aus, daß sie in chemisches und biologisches Experiment umsetzbar sein könnten. Eigen macht darauf aufmerksam, daß die Durchführung eines quantitativen Experimentes keinesfalls mit dem tatsächlichen Vorgang identisch zu sein brauchte, so wie nämlich keine Dampfmaschine unter den exakt definierten thermodynamischen Bedingungen des Carnotschen Kreisprozesses arbeite.[147] Die Unbestimmtheit des Gesetzmäßigen kontrastiert zu der Folgerichtigkeit des mathematischen Ausdrucks, der seinerseits bestimmte Folgen von Zufallsprozessen einfängt.

Eine der Bedingungen, die für den Vorgang der Entwicklung einzubeziehen ist, beinhaltet, daß auf jede in der weiteren Evolution aufbewahrte „Meister-Kopie" ein Kometenschweif von irrtümlichen Kopien in Rechnung zu stellen bleibt[148], ein der Erfahrung und der theoretischen Voraussetzung entsprechender Ansatz. Nach einer zunächst deterministischen Annäherung an den Vorgang der Evolution[149] erfolgt von Eigen eine weitere Annäherung unter Berücksichtigung stochastischer Vorgänge. Deterministisch ließ sich bereits das Durchsetzen neuer Arten auf Kosten des Aussterbens älterer darstellen. Das Einführen eines stochastischen Ansatzes berücksichtigt, daß Elementarprozesse, die Mutationen verursachen, durch quantenphysikalische Ereignisse bestimmt sind und außerdem Wachstumsprozesse statistischen Fluktationen unterworfen sind. Als stochastisch definiert Eigen das Anwenden der Wahrscheinlichkeitstheorie auf dynamische Probleme. Sie sind als nicht mechanistisch aufgefaßt.[150] Gesucht ist das durchschnittliche Verhalten der Zustände, in denen sich das untersuchte Ensemble von Vorgängen befindet, deren innere und äußere Bedingungen probabilistisches Verhalten aufweisen. Gesucht ist weiter die Übergangswahrscheinlichkeit von einem Zustand i in einen Zustand j. Ist letzterer nur von dem vorhergehenden Zustand abhängig, liegt ein Markoff-Prozeß vor, stationäre Markoff-Ketten für eine Folge von Übergängen, die Eigen in abgewandelter Form benutzt. Die Anwendung stochastischer Modelle als Markoff-Ketten auf Wachstumsvorgänge hat das Ergebnis, daß kleine selektive Vorteile nur selten die Chance haben, vorherrschend zu werden, was sich bei deterministischer Behandlung als möglich erwies.[151] Eigen vermerkt auf Grund dieses Nachweises, es handele sich um eine Bestätigung des „indeterministischen", der Quantenphysik angenäherten Typus von Vorgängen.[152] Damit gelingt es, die Selbstorganisation von Molekülen, basierend auf Nukleinsäuren, zu behandeln und den Unterschied zu den Proteinen zu untersuchen. Das Ergebnis ist, daß beide unterschiedliche Molekülarten auf früher molekularer Entwicklungsstufe zusammenwirken *müssen*, um einen ständigen Entwicklungsprozeß einzuleiten. Die Nukleinsäuren verfügen über chemisch-physikalische Eigenschaften der Selbstorganisation und komplementären Instruktion, die sich im Aufbau der Doppelstrang-Helix von RNS und DNS äußert[153], die Erkennung von Plus-Strang und Minus-Strang der Helix in Mikrosekunden bewerkstelligt und damit die zum Aufbau der Proteine im Lebensprozeß benötigte Geschwindigkeit erreichen läßt. Da unter den Proteinen nur die allosterischen die Eigenschaft schneller Erkennung besitzen, dafür aber allgemein lange Ketten zu bilden imstande sind, eine bei RNS und DNS begrenzte Fähigkeit, vermag sich weder der eine noch der andere Molekültyp allein in biologischer Evolution zu äußern. Dazu kommt die andere Eigenschaft der Proteine, „nicht leicht selektive Vorteile ‚phänotypischer' Mutanten nutzen zu können und es deshalb der erforderlichen Vorbedingungen für Evolution ermangelt, die die Nukleinsäuren bereitstellen"[154]. Im vorliegenden Zusammenhang genügt der Nachweis, daß theoretische Bedingungen konstruierbar sind, unter denen Evolution möglich und notwendig ist. Aus den Evolutionsexperimenten von S. Spiegelman geht hervor, daß infolge des Nebeneinanders verschiedener zur Selbstreproduktion befähigter Moleküle eine Differenzierung des genetischen Substrates erfolgt, die mit mehr genetischer Information gleichzusetzen ist und evolutionsfördernd wirkt. Die Bakteriophagen verloren bei der vierten isolierten Passage in der Testschale unter optimalen Bedingungen die Fähigkeit zur Infektion. Nach dem 75. Zyklus der Reproduktion waren von 3600 Nukleotiden nur 550 übriggeblieben. Alle Informationseinheiten, die zur weiteren Vermehrung unter optimalen Bedingungen „paradiesischer Art“, schreibt Eigen, nicht nötig waren, gingen zu Verlust[155], da sie für die Vermehrung des betreffenden Virus nicht nötig waren und bloß für die Auseinandersetzung mit den Umweltbedingungen ungünstiger, aber normaler Art benötigt wurden.

Von vier geprüften Modellen konnte Eigen nur eines als geeignet dafür nachweisen, die Komplexität gegenwärtigen evolutiven Lebens annäherungsweise wiederzugeben. Die genaue historische Route der Evolution läßt sich damit nicht verfolgen. Dafür bietet die Theorie ein allgemeines Prinzip der Selektion und Evolution auf molekularer Ebene, die auf einem Stabilitätskriterium einer nichtlinearen thermodynamischen Theorie von Fließgleichgewichten beruht. Als unvermeidlich ist die Evolution dann angesenen, wenn Materie mit autokatalytischen Eigenschaften und bei Erhaltung eines freien Energieflusses gegeben ist, die die stetige Produktion von Entropie kompensiert.[156] Der Durchbruch bei den theoretischen Überlegungen gelang mit dem Einführen von statistischen Methoden und mit der Vorstellung, daß jeder beliebige Zustand als selektionsfähige Information in den molekularen Ansatz eingehen müsse.[157] Die Darstellung der Selektion und der Evolution mit Extremalprinzipien gestattet es, die Darwinsche Theorie zu quantifizieren und sie spieltheoretisch weiter zu verfeinern.[158] Manfred Eigen besteht auf dem positiven Charakter der evolutiven Auslese und bezieht die Zufalls-Drift neutraler Mutanten, die keine besseren Bedingungen für die Selektion darstellen, in den notwendigen Entwicklungsprozeß ein. Der Übergang von einem einfachen Makromolekül zu einem katalytischen Hyperzyklus ist als weniger dramatisch bezeichnet als der von einer einzelnen Zelle zu einem selbstbewußten und intelligenten menschlichen Lebewesen.[159]

Zielvorgabe nicht vorhanden

Die umfängliche Wiedergabe einiger Gedanken Manfred Eigens erwies sich als wichtig, weil Jacques Monod darauf besteht, den Evolutionsdruck aus dem Bereich des Notwendigen herauszunehmen und ausschließlich an den Zufall zu delegieren, soweit gesellschaftliche Überlegungen in Betracht gezogen wurden.

Da Monod verlangt, man solle sich an die Naturwissenschaften halten, um sich in der Gesellschaft orientieren zu können, ist die Konfrontation mit Eigen geeignet, auf eine andere Parallele mit der Gesellschaft hinweisen zu können. Monod bestreitet, daß sich historische Gesetze wissenschaftlich feststellen ließen.[160] Da als Grund das Vorhandensein von Zufall angenommen ist, belegt Eigens Ableitung, daß unter Voraussetzung zunächst bloß physikalischer Gesetze nicht bloß die Entropie, sondern auch der aufsteigende Ast der Entwicklung den allgemeinen Naturgesetzen entspricht. Es bewahrheitet sich abgewandelt der alte Satz von Lenin, daß beim Streit zwischen zwei Angehörigen der bürgerlichen Gesellschaft über weltanschauliche Fragen oder über zusammen mit diesen betrachtete naturwissenschaftliche Probleme der Materialismus gewinnt. In Eigens Darstellung bleibt das Widersprüchliche des Evolutionstrends erhalten. Die der Entwicklung entgegenwirkenden Faktoren werden aber unter den mit nachweislicher Wahrscheinlichkeit vorkommenden Bedingungen aufgehoben durch die evolutionsfreundlichen Trends. Insofern liefert Eigens Theorie den quantifizierten Ausdruck einer durchgängigen Entwicklungskonzeption für das organische Leben, einen Teilbereich der Natur; durch die verschiedenen einzelwissenschaftlichen Forschungen wurde stückweise belegt, daß die philosophische Konzeption einer allgemeinen Entwicklung des Kosmos *zutrifft*. Der Unterschied zur Gesellschaft und ihren speziellen Gesetzen wird damit nicht beeinträchtigt.

Unter Beachtung und Verwendung der Ergebnisse moderner Genetik hat der sowjetische Theoretiker A. A. Malinowski die Organisationsform biologischer Systeme mit denen der Gesellschaft verglichen und den spezifischen Unterschied herausgearbeitet.[161] Unter Bezug auf Timofejew-Ressowsky erwähnt er eine von dessen älteren Arbeiten, in der experimentell die Vitalität einiger isoliert schädlicher Mutanten bei Drosophila untersucht wurde. Es stellte sich eine gesteigerte Lebensfähigkeit bei ihrer Kombination heraus, ein für Monods *und* Eigens Argument aufsteigender biologischer Entwicklung wesentliches Moment. Die Unterscheidung von schädlichen und nicht schädlichen Mutationen ist von Bedingungen abhängig und von der Kombination der Mutationen, die letal in nicht letal verändern können, die positive Ausnutzung des vorgegebenen Materials statistisch erhöhen. Durch die Eigenschaften der Gesellschaft, durch die Entfaltung der Produktionsmittel Bedingungen zu schaffen, die wesentlich geringere Zeit zur Veränderung der Gesellschaft erforderlich machen, als die Mutationen zu bieten haben, läßt Evolution *ohne* Veränderung der biologischen Konstitution des Menschen zu bzw. in einem Zeitraum, in dem die biologische Evolution die biologische Struktur sichtbar zu verändern nicht imstande ist.

Monod besteht auf der Annahme, daß innerhalb der Evolution der biologischen Lebewesen nicht das Ziel vorgegeben ist, zu dem sich auf beliebigem Zustandshorizont das organische Substrat entwickelt. Diese Bemerkung erfordert, eine Unterscheidung zu treffen, was denn unter Höherentwicklung zu verstehen ist. Die Existenz des Menschen und der Gesellschaft belegt wie alle vorhandenen Lebewesen und die in Versteinerungen und dem genetischen Substrat nachweisbaren Merkmale und Hinweise auf früher verwirklichte Arten die der Evolution mögliche Vielfalt. Die sich ausweisende Richtung zeigt sich in einem höheren Komplexitätsgrad der Lebewesen, der sich als Differenzierung möglicher Eiweißkonfigurationen und ihrer Gestaltgebung im ganzen Individuum der verschiedenen Arten manifestiert. Unter der Bedingung des zufälligen Kombinierens ist nicht irgendeine der in Erscheinung getretenen Arten vorgegeben, aber die Möglichkeit zur Ausbildung von Molekülen, die sich von den anorganischen durch ihre Funktion unterscheiden. Die weitere Differenzierung besitzt nach Eigens Ansicht ausdrücklich so etwas wie „Wert". Man könnte vermuten, daß damit eine menschliche Kategorie in die vormenschliche Natur hineingetragen würde. Gegen eine verschiedentlich vorgetragene Deutung Darwins erörtert

Eigen, daß unter dem Überleben des Passendsten nicht einfach das Überleben des Überlebenden zu verstehen sei, sondern eine effektive Leistungssteigerung der Moleküle auf molekularem Niveau und der Arten von organischem Substrat innerhalb der Evolution. In der Einheit von Notwendigkeit und Zufall entstehen höhere Differenzierungen mit Sonderleistungen, die über die der Bakterien und Algen hinausgehen, wobei tatsächlich die Differenzierung der Molekülaggregationen wichtiger wird, wie etwa die Verbreitungsfähigkeit und die Geschwindigkeit der Reproduktion, die bei Bakterien und Algen weit die der Säugetiere und der Gattung Mensch übertrifft. Die höher differenzierten Lebewesen besitzen zunächst bloß den Vorteil, sich neben den bisher existierenden Arten überhaupt erhalten zu können, und dringen in ihrem Ausbreitungsareal dementsprechend vor, wie sie natürliche Eigenschaften aufweisen, die sie neben den schon vorhandenen Arten existenzfähig sein lassen. Erst in der Gesellschaft wird der Mensch in einigem unabhängig von seinen durch Mutation mitgegebenen Fähigkeiten, ohne sich aus den biologisch fixierten Verhaltensweisen zu lösen. Die durch die Arbeit erworbenen, nicht biologisch mitgegebenen Eigenschaften erweitern dann seinen Ausbreitungsraum und lassen ihn die Naturbedingungen aktiv ausnutzen, was den Aktionsradius der anderen Lebewesen einengt, seinen eigenen Radius jedoch auf nichtbiologische Weise ausweitet. Biologisch gegeben ist durch die Kontraposition des Daumens das Instrument der Hand, mit der alle anderen im Säugetier allmählich entstandenen Eigenschaften über körperfremde Instrumente zu verfügen lernen, womit aber ein anderes Muster von genetisch erworbenen Fähigkeiten an biologischem Selektionswert gewinnt. Die genetische Drift, auf die sich Eigen bezog, erweist sich damit in eminetem Sinne als weder gut noch böse. Erst der neue Reaktionszusammenhang mit der durch das Produktionsinstrument stärker als durch die biologischen Objekte veränderten Umwelt erzeugt die Akzentgebung der genetischen Reserve, die in der Genmenge einer gegebenen Population zu einem gewissen Zeitpunkt oder besser einem Zeitintervall vorhanden ist. Diese Einwirkung äußerer Kräfte ist für den stochastischen Gang die Bewertung der Gene mitverantwortlich. Sie kommt zu der von Timofejew-Ressowsky entdeckten Rekombination einzelner subletaler, vererbender aber schädlicher Gene hinzu.

Monod benutzt zur Darstellung der von organischem Substrat erbrachten Leistung den in der Kybernetik verwendeten Ausdruck Teleonomie. Diese Leistung entspricht der subjektiven Vorstellung eines „Projekts", eines Begriffs, den Monod in Anführungszeichen bringt[162], um zutreffend die subjektive Wertung auszuschließen. So wird das „Projekt", Bilder einzufangen, wie sich Monod ausdrückt, mit dem Auftauchen des Wirbeltierauges erfüllt. Grundliegend für alle solche Leistungen ist indes die Erhaltung und Vermehrung der Art. Dadurch präzisiert sich der Begriff des teleonomischen Projekts dahingehend, „im wesentlichen in der Übertragung des für die Art charakteristischen Invarianzgehaltes von einer Generation auf die nächste"[163] zu bestehen. Diese Tendenz zur Erhaltung der Art ist selbst das Ergebnis der Evolution. Die relative Stabilität von Teilchen und Feldern, die Umwandlung der Teilchen ineinander, die Umwandlung von Lichtquanten in Elektronen und umgekehrt, bieten den Hintergrund für Veränderungen, die unter jeweils geänderten Naturbedingungen von nackten Kernen und Strahlung zu jonisierten und stabilen chemischen Verbindungen gelangen und schließlich eine geänderte Art der Stabilität für Makromoleküle zulassen. Die quantitative Erweiterung der Stabilität auf Arten ist zugleich eine qualitative Veränderung, die jene als teleonomisch bezeichneten Strukturen, Leistungen, Tätigkeiten[164] einbezieht. Veränderung und Invarianz sind ebenso von dialektischem Charakter wie andere sich ausschließende und zugleich aufeinander verweisende Paare von Denkbestimmungen. Dazu gehört auch in der Biologie die auf genetischer Grundlage gegebene Möglichkeit, zur Arterhaltung den Gruppenzusammenhang zu fördern. Zur Unterscheidung empfiehlt Monod, den jeweiligen Komplexitätsgrad abzuschätzen.[165] Bedeutet Selektion das Verwirklichen *sehr weniger* der gegebenen Möglichkeiten, so wächst mit dieser Komplexität die Fähigkeit, sich auf andere Umweltbedingungen einzustellen. Das Aussterben von Arten ist gleichbedeutend mit dem Verlust der Reagibilität. Die vorhandene Differenzierung ist dann nicht hinreichend, die „Rundum-Verteidigung", ein von Monod benutzter Ausdruck, zu gewährleisten.

Das Sichern der Art erwies sich als Leistung der Proteine, soweit diese teleonomischen Funktionen dazu benötigt werden. Konstanz und Variabilität einschließlich des Entstehens neuer Eigenschaften erweist sich als Produkt der Nukleinsäuren. Monod legt auf die Feststellung Wert, daß der Unterschied von Invarianz und Teleonomie, auf dieser Ebene der Evolution, „aus chemischen Gründen gerechtfertigt"[166] sei. Beider Ergebnis ist die „autonome Morphogenese"[167], die Selbstreproduktion auf gleicher und höherer Stufe. Durch das Experiment von Spiegelman mit Bakteriophagen ist für die Rolle der Differenzierung im Evolutionsprozeß ein wichtiges Moment nachgewiesen. Innere und äußere Differenzierung von genetischem Substrat, Protein-Leistung und Umweltbedingungen im Mikro- und Makrobereich bedingen sich gegenseitig. Eine nicht differenzierte Umwelt günstiger Lebensbedingungen baut alle Eigenschaften von Protein und Nukleinsäure ab, die zur Stabilität der damit allerdings auch veränderten Art nötig sind. Gleichbleibende Umwelt bedingt die Konstanz der auf diese Weise angepaßten Arten. In differenzierten Umwelten gewinnen einige Mutanten an Selektionswert, die sonst mit der Mehrzahl der bedingt zufällig entstandenen zu Verlust gegangen wären.

Die Umwelt besitzt ihrerseits für den größten Teil der Geschichte eine ausschließlich autonome Umwandlungsfähigkeit, zu der die Wirkung der von organischem Leben produzierten Artefakte hinzukommt. Das Entstehen von Öl ist mindestens in einigem mit dem Vorhandensein von Organismen zu begründen. Kohle entsteht unter besonderen Bedingungen aus Pflanzen. Das Gerüst der Diatomeen erzeugt Schichten, die durch andere autonome Kräfte zu Gebirgen werden. Die Pflanzendecke bedingt den Grad der durch fließendes Wasser erzeugten Erosion. Die von der menschlichen Gesellschaft hervorgerufene Umweltveränderung ist an sich zunächst von der gleichen Art, wie sie andere organische Lebewesen in Wechselwirkung mit der Umwelt entstehen lassen. Ein qualitativer Unterschied besteht zunächst nicht, ist vielleicht im Effekt geringer als der durch Diatomeen erzeugte, zur Geologie gehörige Vorgang. Die von der menschlichen Gesellschaft bewirkten Umwälzungen der äußeren Bereiche des Geoids wirken kurzfristiger. Sie sind für die jeweilige Gesellschaftsordnung unter Umständen unmittelbare Rückäußerungen über das herrschende und oppositionelle Bewußtsein. Im Gegensatz zu der Produktion von pflanzlichen und tierischen Artefakten oder denen von Prokarionten ist eines der Entwicklungsprodukte nichtbiologischer Art: die Umwelt in dem Sinne stabil zu erhalten, daß sie der weiteren gesellschaftlichen Gesellschaft nicht abträglich ist, da sich die Wanderungsmöglichkeiten du rch die dichtere Besiedlung mit homo sapiens einengten, in Verödung begriffene Gebiete nicht ohne weiteres zu verlassen sind. Dabei ist aber wieder zu beachten, daß innerhlb des Planetensystems unserer Sonne die Klimaveränderungen des Geoids autonom verlaufen und von größerer Tragweite sind als die Mikroveränderungen durch den Menschen. Langfristig muß sich die Gesellschaft auf die autonomen Klimaveränderungen einstellen; sie besitzt gegenwärtig bereits die Mittel zu erkennen, daß sich die aus der Zivilisation der letzten 5000 Jahre hervorgegangene Gesellschaft anders damit auseinandersetzen muß und kann, als es die Hominiden in den letzten zweieinhalb oder vier Millionen Jahren ihrer Existenz getan haben.

Naturwissenschaftlicher Materialismus in der Gesellschaft unzureichend

Soweit Monod sich mit der biologischen Evolution befaßt, genügt die Unterscheidung von Invarianz und Teleonomie der definierten Art aus chemischen Gründen. Sie bleibt innerhalb der Auffassungen des naturwissenschaftlichen Materialismus. Selbst eine oberflächliche Betrachtung der komplexeren Prozesse der differenzierten Verhaltensweisen verweist indes auf die Inkonsequenz, die menschliche, gesellschaftliche Praxis aus der philosophilchen Betrachtung auszuschließen. Der Veränderung der Atmosphäre durch Mikroorganismen entspricht die andere: Veränderung und Schaffung der kulturfähigen Ackerkrume durch Pflanze, Tier und Bodenbakterium entspricht die Ausnutzung durch Ackerbau und Viehzucht, die technische Melioration durch Be- und Entwässerung sowie animalische und mineralische Düngung. Die verschiedenen Maßnahmen ins

„Gleichgewicht“ zu bringen, so daß die Kulturfähigkeit mindestens nicht abnimmt, sondern anwächst, bleibt eine gesellschaftliche Aufgabe, die gesamtgesellschaftliche Planung bereits zum gegenwärtigen Zeitpunkt erzwingt. Monod verfällt in die unreflektierte Denkweise herrschender bürgerlicher Ideologie, wenn er die biologischen Umweltwirkungen anerkennt, aber die Funktion der materiell-technischen Praxis herabsetzt *und* sich noch wundert, daß im Kapitalismus eine Antipathie gegen Wissenschaft und Technik herangewachsen ist, die die gesamtgesellschaftliche Leistung des Menschen pauschal zu verwerfen im Begriff ist. Zu welcher Naivität sich solche Überlegungen aufsteigern, sei an Lynn White jr. demonstriert.

Zunächst manieriert erscheinend setzt White jr. den Beginn der Ausbeutung der Natur mit dem Jahre 830 nach der Zeitwende an und begründet diesen Termin mit der Erfindung eines von acht Ochsen gezogenen Pfluges. Als einschneidendes Merkmal der Produktionstechnik sei damit verbunden, daß sich der Mensch als überlegener Teil der Natur empfinde und ein neues intellektuelles Modell vorliege. Im Gegensatz zu den Religionen in Indien und Ceylon habe das Christentum in der Geschichte der Kultur eine geistige Revolution hervorgebracht, die es mit den jüdischen, islamischen und marxistischen Lehren gemeinsam habe.[168] Charakteristisch sei der blinde Glaube an einen kontinuierlichen Fortschritt, eine stereotype Wendung, die auch bei Jacques Monod vorzufinden war. Die verfehlte Voraussetzung Whites jr. besteht bereits in der Annahme, daß zuvor geltende religiöse Verbote, die Natur zu schädigen, tatsächlich keine Veränderung der Natur in negativer Weise hervorgebracht hätten. Das Versalzen ungenügend entwässerter Bewässerungsgebiete ist ebenso allgemein bekannt wie die Verwandlung von höher entwickeltem, aber von Nomaden erobertem Kulturland in Weideland oder die durch entwickelten Schiffbau erzwungenen Abholzungen, die Karst erzeugten oder die natürliche Wasserführung störten, wofür die der Adria nahen Gebiete und der Libanon als Standardbeispiele gelten könnten. White jr. reproduziert die schon Marx gegenwärtige Vorstellung, wenn der Mensch die Natur für seine eigenen Ziele ausbeute, ergebe sich ein Dualismus zwischen Mensch und Natur.[169] Marx hingegen verwies mehr als hundert Jahre zuvor auf die stets durch die Industrie hergestellte Einheit zwischen Mensch und Natur.[170] Industrie ist in diesem Fall von Marx als Summe aller materiellen Mittel aufgefaßt, die der Mensch zwischen sich und die übrige Natur schaltet. „Da alle menschliche Tätigkeit bisher Arbeit . . ."[171] war, äußern sich in ihr die menschlichen Wesenskräfte. Das „gewordne *gegenständliche* Dasein der Industrie" ist das *„aufgeschlagne* Buch" dieser menschlichen Wesenskräfte.[172] White jr. schaltet die mit der Entstehung der antagonistischen Klassengesellschaft und des Staates schon gegebene sozialökonomische Ausbeutung bis in die Gegenwart aus und setzt eine Ausbeutung der Natur – historisch falsch – an deren Stelle. Ausnutzung der Natur ist ein Objekt jeden biologischen Lebens. Entsprechende Verantwortung trägt der Mensch wahrscheinlich seit dem Entstehen der ersten Horde, eine Aufgabe, die allerdings gegenwärtig besonders ins Bewußtsein eindringt. Schreibt der Engländer Edmund Leach, wir seien *jetzt erst* selbst verantwortlich geworden[173], dann erfolgt auf Grund der unhistorischen Sicht wieder eine Belastung der Wissenschaften. Solange Menschen existieren, lag das gleiche Problem vor, und Nomaden ziehen noch heute ungestört über die Grenzen zwischen Iran, Irak und der Türkei wie eh und je von Weidegrund zu Weidegrund, einer aus notwendigen Gründen schon in der Urgemeinschaft geübten Praxis, wenn die Stufe der Viehzucht erreicht war.

Das Betonen der historischen Kontinuität macht sich gegen die Vorstellung erforderlich, es gebe in Hinblick auf die moderne Entfaltung der Technik und der Naturwissenschaften absolute Probleme, die es rechtfertigten, jeder Entfaltung der Technik zu entsagen, wie das Lynn White jr. im Anschluß an den Zen-Budhismus und die Hippy-Bewegung vorschlägt.[174] Geändert hat sich nur das Erscheinungsbild. Auf Ausbeutung gegründete Gesellschaftsformationen suchen aus Gewinngründen den auch im Kapitalismus vorhandenen staatlichen Regelungen der Umwelterhaltung zu entgehen. Bei jeder neuen Industrie und jeder beliebigen neuen naturwissenschaftlichen Entdeckung ergeben sich andersartige Probleme der Ambivalenz und damit der auch ungewollten Fehlanwendung, Probleme, die zunächst – auch bei besten Absichten – erst einmal erkannt und dann der Lösung zugeführt werden müssen. Länder mit großen Waldbeständen wie etwa Kanada kommen erst zu industrialisierter Forstnutzung, wenn sich eine Erschöpfung des Holzvorrats ankündigt oder die Transportwege einen den möglichen Profit schluckenden Aufwand erheischen. Sozialistische Länder besitzen Gesetze für Umweltschutz und wenden sie an. Ambivalente Folgen neuer Technik sind indes stets erst aufzudecken, bevor sie abgefangen werden können. Nach Marx und Lenin gehört dazu nicht der Verzicht auf materielle Produktionsmittel und ihre planmäßige Entfaltung, den jene Kulturpessimisten vorschlagen, wenn sie schon das Erfinden eines von acht Ochsen gezogenen Pfluges als Beginn der Kulturkatastrophe ansehen. In der Biologie gehören die Wechselwirkungen zwischen den einzelnen organischen Individuen der gleichen und verschiedener Art sowie von Populationen ebenso zu den Naturgesetzen wie deren Ausbreitungsbedingungen und der selektierende und abgrenzende Einfluß der Umweltbedingungen. In der menschlichen Gesellschaft werden sie durch die vordergründig gewordenen gesellschaftlichen Gesetze ergänzt.

Die intensive Abneigung der spätbürgerlichen Ideologie gegen das Anerkennen gesellschaftlicher Gesetze dehnt sich auch auf die Naturgesetze aus. Der Anthropologe Edmund Leach meint deshalb, das moderne Bild der Natur ähnele den alten Gottesvorstellungen in mehrfacher Hinsicht: Gottesakt und Naturgesetz dienten beide gleichermaßen als letzte Erklärung für das Weltgeschehen.[175] Leach benutzt den Vergleich, um die Erkennbarkeit der Natur rundweg abzulehnen. Er verwirft die Alternative, Gottes Wege als unergründlich abzuweisen, gestatte die Annahme, die Wege der Natur könnten bei genügend intensivem Arbeitseinsatz *vollständig* verstanden werden.[176] Zuvor hat Leach versichert, die neuere Forschung scheine die Ansicht zu bestätigen, daß es eine Grenze des Erforschbaren nicht gebe. Wenn er hinzufügt, es gebe ja eine vollständige Erkenntnis der Natur, so äußert sich hier eine Folge des auf jedem Gebiet unhistorischen Denkens. Auf der Grundlage des dialektischen und historischen Materialismus ist sowohl das Elektron als eine unendliche Aufgabe stellende Realität begriffen[177], wie die Erkenntnis grundsätzlich als Prozeß aufgefaßt ist. Das Erkennen der Natur ist damit nie als abgeschlossen aufzufassen, um so weniger, als sie sich weiter entwickelt und auch daraus der Gesellschaft weitere Aufgaben zuwachsen. Die mechanistische Vorstellung von Naturgesetzmäßigkeit erzeugt als Gegensatz das Ablehnen von Erkennbarkeit, die als gesellschaftliche Gesetzmäßigkeit anderen Gesetzen als die Natur selbst unterliegt, da die Wissenschaften bloß *eines* der in der Gesellschaft entstandenen Momente von Basis und Überbau darstellen. Nun erinnerte sich aber Leach, daß der Mensch als Teil der Natur und als Naturprodukt aufzufassen sei. Seine falsche Folgerung aus dieser heute unbestreitbaren, aber für die Auffassung des wissenschaftlichen Menschenbildes nicht ausreichenden Tatsache geht in eine Richtung, in der er sich mit Monod begegnet: Man könne nicht sicher sein, daß unsere „Erkenntnisse von der Welt nicht abhängig oder zumindest eingeengt sind durch den geistigen Apparat, mit dessen Hilfe ich diese Kenntnisse gewinne"[178]. Monod kam zu der Behauptung, Angst und Bedürfnis nach einer zwingenden und umfassenden Erklärung sei ein genetisches Erbe.[179] Es ließe sich annehmen, daß nur zufälligerweise die Ausdrücke „zwingend" und „umfassend" als Adjektive an den Begriff Erklärung angefügt seien. Vermutet Leach, die gesellschaftliche Erkenntnis sei auf Grund der biologischen Struktur des Menschen in abwegiger Weise präformiert, so wendet sich Monod gegen umfassende Einsicht nicht der Biologie, sondern der Gesellschaft. „Zwingende" Erkenntnisse scheint er als Gegensatz zu der Berücksichtigung des Zufalls aufzufassen. Davon abgesehen, läßt sich allgemein feststellen, daß die Gültigkeit von Gesetzen festzustellen eine der wertvollsten Seiten theoretisch-praktischer Arbeit darstellt. Die Reichweite von Gesetzen zu untersuchen, macht sich auch in den Naturwissenschaften nötig, wenn etwa in Makro-Dimensionen andere Bedingungen vorliegen als in Mikrozuständen oder eine andere Abgrenzung sich als notwendig erweist, um die untersuchten Vorgänge erfassen zu können. Insofern gilt für die Gesellschaft das gleiche. Basis und Überbau lassen empirisch das Untersuchen der verschiedenen Gesellschaftsformationen zu, im übrigen gelten für jede Ordnung besondere, sie charakterisierende Gesetze. Leachs wie Monods Einwand bringt einen generellen Zweifel zum Ausdruck. Hat allerdings Leach alle Gesetze auf naturwissenschaftliche reduziert, so will Monod seine

Theorie der Molekularbiologie wie die in ihr benutzten chemischen und physikalischen „Invarianten“ vom Zweifel ausgenommen wissen. Den Gesellschaftswissenschaften wird ebenso wie der Religion vorgeworfen, zu generalisieren. Hat ersterer unter der Hand erst die Behauptung möglicher „vollständiger“ Erkenntnis eingeführt, um sie dann zu verwerfen, benutzt Monod seinen Einwand gegen den Sozialismus. Daß er „noch immer“[180] in den Herzen der Menschen lebendig sei, betrachtet er als Argument für die genetische Herkunft. Da die kapitalistischen Produktionsverhältnisse und die aus ihr folgende Politik nicht von Monod untersucht wird, begegnet ihm nur die Urgemeinschaft und der um sich greifende Drang zum Sozialismus, ohne daß er auf die unterschiedlichen objektiven Bedingungen reflektiert.

An Leachs Äußerungen ist zu erkennen, daß sich unter den Bedingungen des Imperialismus die überlieferten idealistischen Merkmale an einen ebenso deutlich ausgesprochenen naturwissenschaftlichen Materialismus anheften. Darin liegt der Unterschied zum älteren Agnostizismus, der die gleiche Grundlage mehr oder minder verschleierte. In den Naturwissenschaften durch den neueren Gegenstandsbereich auf die Materialität der Naturobjekte gleich welcher Art verwiesen, dient das in den Naturwissenschaften erarbeitete Teilergebnis dem Zweck, gesellschaftsrelevante Aussagen mit deren Autorität zu versehen. Begrenzte naturwissenschaftliche Einsichten und Ergebnisse werden, unzutreffend verallgemeinert, auf die Lebensprozesse der Gesellschaft übertragen, weil jeweils momentaner Nutzen für den politischen Zweck erzielt werden soll. Der Vorwurf, nach umfassenden Erklärungen zu suchen, gerät dann bei dem eigenen Vorgehen in Vergessenheit. Verfehlt ist bei solchem Verfahren nicht, daß von Teilergebnissen der Naturwissenschaft ausgegangen wird. Manfred Eigen benutzte die Arbeiten von Spiegelman, um die Unvermeidlichkeit von Entwicklung zu bekräftigen. Seine umfassende Theorie der Evolution der biologisch aktiven Moleküle und ihre Herkunft aus den anorganischen Molekülen verwendete das Experiment zu einer Folge von theoretischen Schlüssen, die als Stütze der eigenen Darlegungen gewählt waren. Umgekehrt schließt Monod aus politischer Abneigung gegen die Linke, objektive Ursachen in der Gesellschaft selbst könnte das erfolgreiche Umsichgreifen der sozialistischen Idee nicht haben, obwohl schon aus der widerspruchsvollen Entwicklung in der Arbeiterklasse und unter den ihr befreundeten Partnern der Beweggrund des Klassenkampfes abzulesen ist, der imperialistische Staaten veranlaßt, ideologisch und physisch gegen die Repräsentanten der sozialistischen Ideen vorzugehen.

Genauer findet sich der Pseudobeleg, physische Gründe für die Annahme der Unerkennbarkeit anzunehmen, bei Otto-Joachim Grüsser und Volker Henn[181] ausgesprochen. Sie suchen nachzuweisen, daß die gehirnphysiologischen Strukturen eine Begrenzung des Erkenntnisvermögens als sicher anzunehmen gestatten. Der Widerspruch zwischen tatsächlichem Forschungsresultat und seiner Ausdehnung auf gesellschaftliche Erscheinungen äußert sich in dem falschen sprunghaften Übergang auf ein anderes Gebiet, wodurch der Eindruck erweckt wird, als befinde man sich noch auf gesichertem, gerade erst experimentell erschlossenem Boden. Die genannten Autoren knüpfen an das im Briefwechsel zwischen Molyneux und John Locke[182], dem englischen materialistischen Philosophen und seinem Mitarbeiter in Dublin, aufgeworfene Problem der Beziehung zwischen Tasten und Sehen an. Die Frage war dahingehend zugespitzt worden, ob ein blindgeborenes Individuum, wenn es durch eine Operation das Sehen erwirbt, Kugel und Würfel zu unterscheiden vermöge, ohne die bereits durch Tasten erworbene Kenntnis zu Hilfe zu nehmen. Locke nahm an, der Patient könne das vermutlich *nicht*, eine Folgerung, die auch Diderot beschäftigte und in neuerer Zeit einer weiteren Überprüfung unterzogen wurde. Lockes Annahme erwies sich als zutreffend. Kurz vor 1968 konnte R. L. Gregory aus Edinburgh einem über fünfzig Jahre alten Mann das Augenlicht wiedergeben, der blind Maschinenarbeit geleistet hatte. Nach der Operation vermochte er die vertrauten Teile der Maschine, die er durch den Tastsinn erkannte, erst nach Betasten auch visuell zu unterscheiden. Er mußte erst sehen *lernen*.

Gegory und Henn schließen daraus, daß „für die Entwicklung der wahrgenommenen Welt die aktive Zuwendung und für die elementaren Funktionen auch die motorische Auseinandersetzung mit der Umwelt notwendig sind ..."[183] Nun wird von Grüsser und Henn die Sprache als erlernte Leistung komplexer neuronaler Netzwerke bezeichnet. In den naturwissenschaftlichen Materialismus der beiden Gehirnphysiologen geht auch die physische Tätigkeit und das Beachten der Begriffsbildung ein. Da die Sprache auch die Beziehungen von Begriffen beschreibt, folgern sie, daß keine direkte Beziehung mehr mit den Dingen der Welt bestehen muß, und äußern damit einen ebenfalls zutreffenden Gedanken. Dann aber heißt es: „Der Verlust des Bezuges zur Wirklichkeit ist die Gefahr, die immer droht bei differenziertem Gebrauch der Sprache.“ [184] Nun ist auch dieser Gedanke durchaus zutreffend. Sprache vermag sich von den Dingen der Welt zu entfernen und den Zusammenhang zu *verlieren*. Das imperialistische ideologische Moment äußert sich erst ausdrücklich, nachdem Grüsser und Henn, paradoxerweise, auf Ideologie eingehen. Der ideologische Überbau sei spekulativ und verhindere, „daß sich eine soziale Ordnung optimal an die jeweiligen Aufgaben anpaßt“ [185]. Mythos, Weltbild und politisch-religiöses System werden gleichgesetzt. Infolge des Freiheitsgrades der Sprache, so wird wiederholt, vermögen sie sich beliebig von der Wirklichkeit zu entfernen und seien deshalb verdächtig.[186] Da das Erkennen von Objekten und Prozessen von Grüsser und Henn auf die experimentelle Seite naturwissenschaftlicher Forschung begrenzt wird und allein die darauf begründete Theorie als Widerspiegelung aufgefaßt ist, wenn der Erkenntnisvorgang auch nicht eine derartige Begriffsbelegung erfährt, stehen sie hilflos vor den gesellschaftlichen Erscheinungen. Aus der Möglichkeit des Denkens, sich von den Objekten zu entfernen, um die benötigte Abstraktionsstufe zu gewinnen, folgern sie, daß jene genannten drei Bereiche von der *Natur*wirklichkeit losgelöste begriffliche Gebilde werden, die mit der sozialen Ordnung, ein von Grüsser und Henn benutzter Ausdruck, *keine* Beziehung mehr zu gewinnen vermögen. *Weil* die Sinne und die Tätigkeiten mit den Objekten kommunizieren, sei dem Denken der Zugang zu seiner eigenen Sozialordnung verwehrt. Die Konditionierung durch die Natur gilt als Schranke, die zwar der Naturwissenschaftler aufzuheben vermöge, soweit die Naturobjekte in Rede stehen, nicht aber die Gesellschaft durch die ihr entsprechende Ideologie. Zu bemerken ist, daß Grüsser und Henn ebenfalls wie Monod atheistisch argumentieren. Das Loslösen von älteren Bestandteilen lange herrschender Ideologie veranlaßt sie, *allen* Gebilden des gesellschaftlichen Bewußtseins mit gleichem Mißtrauen gegenüberzutreten.

Findet sich bei Monod die genetische Fixierung von Angst und Erklärungsbedürfnis, so benutzen Grüsser und Henn ein anderes Verfahren. Sie lassen das Denken mit beträchtlichen Freiheitsgraden versehen sein, einer immer noch zutreffenden Abstraktion, um dann gerade aus dieser Leistungsfähigkeit Untauglichkeit des gesellschaftlichen Bewußtseins zu zutreffender Weltansicht abzuleiten. Soweit sich die naturwissenschaftliche Forschung noch in der Nähe der Naturobjekte befindet, behalten sie Grüsser und Henn im Griff. Mit der Entfernung von dem fachlich zuständigen Forschungsbereich verlieren sie den Überblick. Daß Ideologien *ihre* spezielle Gesellschaftsformation genauso in Begriffen abbilden wie menschliche Sinne den Gegenstand, dazu nicht minder begriffliches Denken anwenden, als es die gedachten Versuchspersonen von Molyneux und Locke und ihre konkreten Nachfahren benötigten, geht über ihr Verständnis. Der umfangreichere Bezugsraum, auf den sich Ideologien beziehen, erfordert eine dem Entwicklungsstand der Gesellschaft entsprechend ausgedehntere Komplexität, die in der Ausbeutungsgesellschaft die Interessen der herrschenden Klassen und Gruppen repräsentiert. Die Entfernung von der materiellen Wirklichkeit der Natur und den materiellen Strukturen der Gesellschaft hat indes wie in den empirischen Naturwissenschaften als Kriterium das Bewähren in der gesellschaftlichen Praxis, zu der das Experiment an den Naturobjekten ebenso wie der Versuch des Erhaltens der Klassenstruktur gehört. In die Ideologie der Ausbeutungsgesellschaft gehen ebenso Momente korrekter historisch bedingter Abbildung ein wie aus dem Interesse der herrschenden Klasse entstehende Umprägung, etwa das Bestreiten der Existenz von Klassen.

Nebeneinander begegnen sich unter dem Einfluß bürgerlicher Ideologie Ausweitungen der genetisch bedingten Eigenschaften und Einschränkung der auf das genetische Substrat zurückgehenden Leistung. Soweit mit der genetisch fundierten Grundlage aber gemeint ist, daß sie Einengung der Erkenntnisfähigkeit bedeutet, ist darauf zu verweisen, daß gesellschaftliches Denken und Praxis, Experiment, Industrie und sonstige gesellschaftliche Tätigkeit als Korrektur der bloß sinnlichen Abbildung funktionieren. Auf diesen Gesichtspunkt verweisen Grüsser und Henn bei der Darstellung etwa des Erregungsmusters der Photorezeptoren der Netzhaut bei dem Abbilden von Buchstaben. Erst recht gilt dieses Moment bei dem Aufstellen der zu testenden Hypothesen, die sich an Sinnesdaten halten und ihr Bezugssystem quantifizieren oder es verbal darstellen. Ausweitung *und* Einengung der genetisch bedingten Erkenntnisgrundlage erfahren durch den Fortschritt der Kenntnisse gleichermaßen ihre Korrektur.

Daß man die psycho-physische Funktion der Sinnesorgane beachten müsse, leiten Grüsser und Henn von Ernst Mach ab und erneuern damit eine Art von Neupositivismus und Empiriokritizismus, indem sie gleichzeitig gegen charakteristische Ansichten der Neupositivisten polemisieren.[187] Abgelehnt sind Annahmen, man dürfe sich nur an die Erfahrung halten, da alle Begriffe und Methoden logischer Folgerung nur auf Konventionen beruhten. Ebenso wird die Annahme zurückgewiesen, der Erfahrung sei nur das äußere Bild des Geschehens zugänglich, das „Eigentliche", das „Wesen" oder das „Sein" könne man nicht erkennen.[188] Ernst Mach wird dabei *uminterpretiert*. Im Gegensatz zu dessen ausführlich dargelegter und von Lenin behandelter Meinung, auch zum Unterschied von der historischen Wirkung verstehen ihn Grüsser und Henn, als sei „Wahrnehmung der Umwelt" als „Abbildung der Tatsache in Gedanken"[189] aufzufassen. Strenggenommen ist damit das Denken allerdings auf Wahrnehmung reduziert. Das Abbilden in Gedanken läge damit *unterhalb* der Stufe des Begriffs. Die Schaltschemata der angeborenen neuronalen Matrix wären damit eine Grenze mit endlichen Entwicklungsmöglichkeiten[190], deren Funktion die Gedanken an enge Grenzen der Funktion der Sinnestätigkeit binde, alles Weitere aber Spekulation produziere, die keinen sachlichen und sachgerechten Hintergrund habe. Der neuronale Abbildungsprozeß ist als Filterfunktion aufgefaßt, durch die wahrnehmungskategoriale, erkenntniskategoriale und denkkategoriale Ordnungen entstehen, in denen schon Wesentliches weggefiltert sei.[191] Das Entstehen differenzierter Sprache wird von Grüsser und Henn ausdrücklich noch einmal für das Entstehen beliebig wirklichkeitsfremder Ideologie verantwortlich gemacht.

Da aus der Bandpaßfilterfunktion physiologischer Art *Muster* entstehen, sind diese schon als Beeinträchtigung der Erkenntnis mißverstanden. Für wissenschaftliche Erkenntnis sind Merkmalsgruppen umgekehrt die empirischen Daten, an denen die möglicherweise als Gesetzmäßigkeit zu fixierende Hypothese ansetzt. Die Muster sind, selbst dialektische Kategorie, bereits Produkt vorgängiger theoretisch-praktischer Erkenntnis. Das Abqualifizieren differenzierter Sprache, wie es Grüsser und Henn vornehmen, belegt die Kulturfeindlichkeit, die aus der Abneigung gegen Gesellschaftswissenschaft und sozialökonomische Untersuchung entspringt. Zugleich handelt es sich um eine Diffamierung der Sprache als gesellschaftliches Kommunikationsmittel einschließlich der Metasprachen als wissenschaftlichen Instruments.

Eine weitere Verschiebung der Problematik bedeutet der Verweis auf Descartes, dessen Unterscheidung zwischen res extensa und res cogitans als Dualismus abgelehnt ist. Dem Abgrenzen zwischen ausgedehntem Ding und Denken entspricht die Unterscheidung zwischen materiellem Sein und Bewußtsein. Nun wenden sich Grüsser und Henn zwar gegen den religiösen Dualismus. Da sie aber bloß pseudomonistisch Dualismus abweisen, treffen sie gleichzeitig eine Unterscheidung, indem sie das Ablehnen der Religion mit einer halben Materialisierung des Bewußtseins verbinden, bei der es ihnen bloß auf das Ablehnen gesellschaftlicher Erkenntnisse ankommt. Gegen moderne Gehirnforschung und Verhaltensbiologie[192] wenden sich die hier vorgebrachten Einwände nicht.

Zu dem Monod beschäftigenden Problem von Zufall und Notwendigkeit bringen Grüsser und Henn hingegen bemerkenswertes Material vor. Es wendet sich gegen falsche Popularisierungen der Physiologie des Gehirns, seinen Vergleich mit Rechenmaschinen und naive Vorstellungen von Bionik. Zugleich liegt das Behandeln von Zufall und Notwendigkeit auf der Linie spontaner Dialektik. Die Impulsgabe von Nervenzellen konnte nämlich inzwischen als Wahrscheinlichkeitsereignis nachgewiesen werden. Die statistische Unsicherheit bei allen Operationen der Nervenzelle ist auf den Chemismus bei der Signalübertragung durch Synapsen bedingt. Solche chemischen Prozesse sind außerdem unstetig.

Grüsser und Henn erwähnen die Quantennatur des signalübertragenden Prozesses. Dazu kommen spontane Erregungsbildungen an der Oberfläche von Nervenzellen in den sogenannten Triggerzonen. Spontane Impulsauslösung und Einflüsse der Umwelt überlagern sich. Daher kommt es, daß „auf exakt gleiche Umweltreize ... nur näherungsweise gleiche und nicht exakt identische Impulsmuster in den Nervenzellen der sensorischen Systeme ausgelöst“ [193] werden. Um 1951 wurden diese Sachverhalte bekannt. Johann von Neumann schrieb dazu umgehend eine Arbeit, wie zuverlässige Systeme aus unzuverlässigen Elementen gebaut werden können. Ihre Grundlage sei an Stelle der zweiwertigen Logik eine Wahrscheinlichkeitslogik.[194] Wie auch vom formallogischen Standpunkt diese Frage zu beurteilen sein mag, so sind jedenfalls Wahrscheinlichkeitsvorgänge die Grundlage der sinnlichen Abbildung und der Gehirnfunktion überhaupt. Von technischer zweiwertiger Signalgebung ist der physiologische Vorgang beträchtlich unterschieden. Die Grundlage der zweiwertigen Impulse sind nicht zweiwertige, sondern stochastisch vorkommende Erregungszustände, deren Intensität außerdem variiert. Als weiteres Moment enthalten nicht die Impulse, also ihr Vorkommen oder Nichtvorkommen die Information, sondern die zeitlichen Abstände zwischen den Impulsen.[195] Da gleiche Information außerdem mit ungleicher Intervalldauer verbunden ist, hat der Prozeß der Signalverarbeitung über diese Intervalle zu vermitteln.[196] Auch die gegenwärtig vierte Generation von schnellen Rechnern arbeitet nicht mit diesem Verfahren.

Genetisch verfügt der menschliche Organismus über ein Information bildendes Verfahren der Sinneswahrnehmung und des Denkens, das unscharf arbeitet und dennoch zu korrekten Ergebnissen fähig ist. Das statistische Entstehen der Markierung visueller Eindrücke und der Elemente der Eigenerregung der beteiligten Abschnitte von Gehirn und Zwischenhirn, Rindengrau und tieferen Schichten verfährt zwar nicht formallogisch, aber so ähnlich, wie technische und ökonomische Daten durch Regressionskurven zugänglich und brauchbar gemacht werden. Liegt auch in dieser Hinsicht keine Identität vor, so belegt der physiologische Vorgang die Möglichkeit ausgedehnter Nutzung probabilistischer Vorgänge. In der

Aufnahme von Eindrücken aus der Umwelt liegt eine natürlich begründete Unvollständigkeit der Aufnahme von Merkmalen vor, die mit der Schärfe der physiologischen Aufnahmefähigkeit begründbar ist. Durch technische Geräte läßt sich ein anderes Muster von Merkmalen entwerfen. Die Quantennatur des signalübertragenden Prozesses entspricht indes nicht einer technischen Unvollkommenheit, sondern den von der Natur auf dem betreffenden Ereignisniveau gegebenen Bedingungen. In der Technik wird Konstanz benötigt, aber die natürlich vorhandene quantenphysikalische Unbestimmtheit ebenso berücksichtigt wie die in der Dimensionierung gegebene Abgrenzung durch das für den Zweck vorgegebene Intervall, das Maßhaltigkeit garantiert. In der mathematischen Ökonomie besitzen nach I. J. Birman stochastische Verfahrensweisen bei Vorliegen unvollständiger Information eine große Zukunft.[197] Für Bedienungsprobleme aller Art bedeutet das Erkennen des Vorliegens stochastischer Prozesse die einzige Möglichkeit wissenschaftlicher Behandlung mit vertretbarer Effektivität. Jede andere Behandlung bringt erhebliche materielle Verluste und zeitliche Einbußen. Wie weit allerdings vollständige Information erreichbar ist und ob die Kategorie der Vollständigkeit bei deterministisch behandelten Aufgaben im buchstäblichen Sinne vorliegt, steht durchaus in Frage. Im Gegensatz zu formallogischer Unbedingtheit kommen Näherungswerte in der Natur und der Technik sehr häufig vor. Der Grad der Annäherung an einen Sachverhalt ist dazu noch eine Funktion des Fortschritts von Erkenntnis und Einsicht. In der Regel führt das Beachten von Wahrscheinlichkeit zu einer erhöhten Präzision, wobei im Gesamten der Aufwand sinkt.

Die dialektische Determination der Vorgänge reicht weiter als der bloß mechanische Bezug. Eine andere Frage ist die nach der erreichbaren vollen Genauigkeit und Vollkommenheit, auf die I. J. Birman verweist. Sie wird auch dann angestrebt, wenn Genauigkeit und Vollkommenheit im Prinzip nicht erreichbar sind.[198] In der Biologie handelt es sich um die Fülle der Übertragung der vollen Erbinformation bei der Zellteilung, deren fehlerfreie Folge trotz Mutation die der heutigen Massenfertigung in der Industrie bei weitem übertrifft, da der biologische Reparaturmechanismus mit außergewöhnlicher

Exaktheit arbeitet. In Natur *und* Gesellschaft bedingen sich Zufall und Notwendigkeit, wobei ihre dialektische Einheit als grundlegender Sachverhalt seine beträchtliche Funktion besitzt und festzustellen ist, welches Verhältnis zwischen beiden Daseinsweisen vorliegt, außerdem, wie sie in der gesellschaftlichen Praxis ausnutzbar sind. Aus theoretischen und praktischen Gründen veranstaltete der sibirische Zweig der Sowjetischen Akademie der Wissenschaften 1971 eine Determinismus-Konferenz in Nowosibirsk, auf der eine Folge von Natur- und Gesellschaftswissenschaften daraufhin untersucht wurde, welche Funktion streng determinierte Gesetzmäßigkeiten, Wahrscheinlichkeit und Statistik als Gesetzmäßigkeit in den modernen Zweigen der betreffenden Disziplinen besitzen. Physik, Biologie, Mathematik, Ökonomie, Philosophie und Geschichte fanden besondere Beachtung. Allgemein betonte J. W. Satschkow die spezifischen Charakteristika von Wahrscheinlichkeitsprozessen in der Quantenphysik, der Informationsthoerie und der Theorie der Systeme.[199] Die Dialektik vom Typus der Strukturen von Mutation und Erblichkeit behandelte D. K. Beljajew gemeinsam mit dem Kontrast der streng determinierten Transformation wie ihrer direkten Grund-Folge-Beziehung und der chemischen Mutagenese der DNS. Durch A. G. Aganbegjan wurde das Prinzip der Kausalität in vielverzweigten Netzen ökonomischer Beziehungsgefüge unter dem Gesichtspunkt der von Marx in seinem „Kapital" durchgeführten quantitativen Analyse, ihrer Weiterführung und Anwendung zur Vervollkommnung der Planung behandelt.[200]

Bei Jacques Monod hingegen verwandelt sich die Kausalität der Grund-Folge-Beziehung durch den Ausschluß der Dialektik in eine vorwiegend mechanistische Version. Die eingeborenen Ideen des Descartes und die transzendentale Analytik der reinen Verstandesbegriffe Kants finden ihre Abwandlung durch die Vermutung, angeborene Handlungsprogramme erstreckten sich weitgehend auf Erkenntniskategorien. Ob der Seele eingeboren oder von vornherein a priori im Bewußtsein vorgegeben, verschmelzen beide Modifikationen zur materiellen Fixierung eines Erkenntnisprogramms, in dem der angeborene Programmablauf vom Lernresultat nicht hinreichend unterschieden wird. Nach Günter Tembrock sollte man in den

Verhaltenswissenschaften von arttypischen Verhaltensnormen sprechen, wobei nichts über ererbt oder erworben vorweggenommen ist, sondern dem Experiment überlassen bleibt.[251] Kriterium hierfür sei, sagt Tembrock, daß es keine Struktur oder Funktion gebe, die nicht auf Zufuhr von außen angewiesen wäre. Die Umwelt wird zu einem integrierenden Bestandteil des Lebensprozesses.[202] Unter Beachtung der genetischen Mechanismen bleibt die von Pawlow gegebene Einteilung in unbedingte und bedingte Reflexe erhalten, wobei letztere als Lernen zu verstehen sind. Zwischen erblichen und nichterblichen Veränderungen existiert damit eine Aktionsgemeinschaft, obwohl keine Übergänge zwischen ihnen vorhanden sind. Die von Monod betonte genetische Grundlage der auf Erkenntnis gehenden kognitiven Funktionen bedeutet, abgesehen von Monods philosophischer Deutung, etwas anderes, als er auszusagen beabsichtigte. Die Funktionen des Zentralnervensystems unterlagen dem gleichen Evolutionsprozeß wie der übrige Organismus. Durch das modellmäßige Überprüfen des Lernverhaltens bei Tieren unterschiedlicher Evolutionsstufe, das die Verhaltenswissenschaften durchführen, läßt sich bei hinreichendem Material aus dem Verhaltenssyndrom das genetisch Bedingte von dem auf dieser Grundlage Erworbenen trennen. Die gehirnphysiologischen Untersuchungen und die lockeren Annahmen Monods hingegen pflegen, wenn sie sich mit dem Menschen befassen, weltanschaulich-politische Voreingenommenheit in das objektive Untersusuchungsergebnis zu interpretieren. Monod unterscheidet nicht hinreichend die Fähigkeit der Sinnesleistung von der des Verhaltens und von den damit erbrachten positiven oder negativen Leistungen. Wieso aber ein Genetiker eine zwingende Erklärung als pauschal negativ einschätzt, wenn er die Zwangsläufigkeit von Mechanismen der Proteinsynthese entdeckt hat, ist bloß aus der Dominanz ideologischer Stereotype zu verstehen, die gesamtgesellschaftliche Evolution unter Verdacht stellt.

Die den höheren Tieren und dem Menschen gemeinsame Seite in Sachen des Verstandes hat Friedrich Engels übrigens sehr weit gefaßt. Alle Verstandestätigkeit, jedes Induzieren, Deduzieren, Abstrahieren, Analysieren, Synthetisieren und als Vereinigung beider das Experimentieren sind nach Engels „vollkommen gleich beim Menschen und den höheren Tieren. Nur dem Grade ... nach sind sie verschieden"[203], ein häufig antievolutionistisch aus anthropologischer Voreingenommenheit nicht zugestandener Gesichtspunkt. Im Vergleich mit den von Monod gegebenen Funktionen des Zentralnervensystems sind keine weitergehenden Eigenschaften kategorialer Art hinzugekommen, obwohl die Mechanismen dem 19. Jahrhundert noch weitgehend unbekannt waren. Auf Grund der dialektischen Entwicklungstheorie und ihrer Ausdehnung von der Gesellschaft auf die Natur war es Engels möglich, eine solche kühne Identität dem Prinzip nach aufzustellen. Wenn Monod als spezielle Leistung der höheren Wirbellosen und der Wirbeltiere Zusammenfassung zu Klassen von Ereignissen entsprechend ihren Analogïen, Verknüpfung der Klassen entsprechend der Koinzidenz und Folgebeziehungen[204] nennt, besteht kein wesentlicher Unterschied zu den Engelsschen hypothetischen Annahmen. Verfügen die Lebewesen einschließlich der Pflanzen über die Eigenschaften, die zur Erhaltung ihrer Art in einer ökologisch bestimmbaren Umwelt nützlich sind, und auch über Eigenschaften, die ihnen unter anderen Bedingungen nicht helfen, sich mit der Umwelt auseinanderzusetzen, so unterscheidet den Menschen von ihnen die Möglichkeit, sich von den vorgegebenen Orientierungshilfen der physiologischen Struktur durch die Spezifik der Auseinandersetzung mit der Umwelt freizumachen. Der Strahlengang in der Linse des Auge sbelegt bloß, daß die Umwelt zum integrierenden Bestandteil des Lebensprozesses geworden ist. Die von der anatomischen und physiologischen Konstitution gegebene Möglichkeit erhält von der Umwelt über die Funktion der betreffenden Organe die Gebrauchsfähigkeit und den konkreten Inhalt. Die weitere Menschwerdung des Menschen in der Gesellschaft durch die Arbeit selektiert genetisch weiter, bringt aber zu den von Monod erwähnten, in den Neuronen bedingten Begriffen der elementaren Geometrie, die der sensorische Analysator des Individuums bietet[205], zu den Elementen des Euklid die Axiomatisierung durch Hilbert, zuvor bereits die nichteuklidische Geometrie. Die materiell vorgegebene Fähigkeit zu räumlichem Sehen und einem Zeitsinn physiologisch gegebener und praktisch wichtiger Art steigert sich bis zur Allgemeinen Relativitätstheorie Einsteins, der Quantenphysik, nicht zuletzt der Molekularbiologie und der gesamtgesellschaftlichen Entwicklungsgesetze. Was die Grundkategorien der Erkenntnis anbetrifft, ist einmal an den Unterschied der von Aristoteles und Kant angenommenen Kategorientafel zu denken, zum anderen aber an die im Entwicklungsprozeß der Erkenntnisse eintretende Umbewertung der Kategorien und ihre inhaltsreichere Interpretation, die Monod sicherlich nicht als Explikationsphänomen ansehen möchte. Das entspräche etwa der früheren Einschachtelungstheorie, die auf der Annahme basiert, daß im Spermatozoon der gestaltete Mensch bereits präformiert sei, was angeblich im Mikroskop gesehen werden kann.

Für den von Monod als fünftes Merkmal der Funktion des Zentralnervensystems präsentierten Punkt gilt Ähnliches. Erfindungen, als Darstellung und Simulation äußerer Ereignisse oder Handlungsprogramme[206], sind dem Menschen ebenfalls mit höheren Tieren gemeisam. Monod spricht evolutionstheoretisch von der „im Laufe der Evolution von allen Generationen angehäuften Erfahrung“[207], selbstverständlich unter den für gegebene genetische Codierung vorhandenen Möglichkeiten. Man sollte aber nicht, wie Monod vorschlägt, in jeder früheren Auffassung bereits die Idee der gegenwärtigen Kenntnis sehen wollen, die der entwickelten Theorie ihre vollständige Präsenz gibt.[208] Mechanischer Materialist in Hinblick auf die künftigen Naturwissenschaften, hatte Descartes, wie der mit seinen „Meditationen“ (Amsterdam 1641) publizierte Disput mit Mersenne, Hobbes, Gassendi und anderen belegt, ideelle Präformationen angenommen, die in der vorliegenden Debatte der Atomist Gassendi am entschiedensten bekämpfte. Gegen den Idealismus der eingeborenen Ideen brachte die materialistische Position die materielle Wirklichkeit und die Möglichkeit ihrer Abbildung zur Geltung, die die Lehre von den eingeborenen Ideen verschleierte. Die Funktion des Verstandes *und* der Ideen hatte vorher Bacon und später Locke berücksichtigt. Friedrich Engels stellt zwei Sätze nebeneinander, die dialektisch-materialistische Weltanschauung und Methode zusammenfassen: „Wer Kausalität leugnet, dem ist jedes Naturgesetz eine Hypothese“ und „Die Entwicklungsform der Naturwissenschaft, soweit sie denkt, ist die *Hypothese*.“[209] Zu denen, die – im Sprachgebrauch Monods – Ideen lieben[210], gehören sowohl Descartes und seine Kontrahenten wie Engels. Monod meint allerdings, das Hassen der Ideen sei in den Naturwissenschaften durchaus nötig.[211] Wahrscheinlich meint er damit das konsequente Sich-an-die-Fakten-Halten und das Vermeiden hypothetischer Überinterpretation. Die Ideen gehen jedenfalls auf das Allgemeine *in* den Dingen und betreffen die auf die Sache gerichtete Phantasie, zu der, nicht genetisch fixiert, der bisher noch nicht vorhandene Entwurf ebenso gehört wie die schließlich realisierte Möglichkeit; Ergebnisse vorwegzunehmen, von Monod als Eigenschaft des Zentralnervensystems aufgefaßt[212], setzt die physischen Bedingungen des homo sapiens *und* der Gesellschaft voraus. In der Gesellschaft realisiert sich, wie weit Voraussagemöglichkeit gegeben ist, welche sie noch nicht gestattet, welche sie aufschließt und welche Bedingungen innerhalb der Gesellschaft die Voraussagemöglichkeiten zulassen. Gesetzt den Fall, das Erklärungsbedürfnis besitze im Menschen ebenfalls eine genetische Fundierung, dann hätte es als gentisches Substrat eine höchst folgenreiche und nützliche Eigenschaft „eingefangen“. Ob aber physisch gegebene Eigenschaften nützlich oder schädlich in der Gesellschaft angewendet werden, hängt nicht von der Voraussetzung ab, beides zu erzeugen, sondern von den Bedingungen, unter denen und auf Grund welcher Ursachen die Entscheidung nach der einen oder anderen Richtung getroffen wird. Das gilt für das technische Projekt wie für das gesellschaftliche Handeln der Klassen, ihrer Repräsentanten und des Individuums. Das Vorwegnehmen von Handlungsabläufen nennt Monod Simulation im Verständnis des Durchspielens von in den Rechner gegebenen Strukturen. Für das menschliche Vorwegnehmen von Künftigem besteht als Voraussetzung die Struktur der Umwelt. Benötigt das Denken unmittelbar nicht des Hilfsmittels, so vermittelt die Gesellschaft bloß mit der Voraussetzung des Vorhandenseins von Produktionsmitteln die Anregung zu Ideen, und sei es bloß, um das Denken zu aktivieren und schließlich auch die Zeit zu gewähren, die das Einfälle-Haben erfordert. Orientierung in der Welt verlangt den geeigneten physiologischen Apparat, der sich in der natürlichen Evolution biologischer Objekte entwickelt hat. Die passive und aktive Auseinandersetzung mit der Umwelt erweist sich von den schon recht kompliziert gebauten Bakterien und Phagen an als entscheidendes Moment der Differenzierung, zu der als kurzfristig wirkendes Stimulans die allmähliche Erfindung von Produktionsinstrumenten hinzukommt. Ihre selektierende Wirkung erfaßte das genetische Material, das in nebeneinander existierenden äußerlich und innerlich unterschiedlich gestalteten Hominiden und ihren Unterarten existierte. Aus den infolge neuer Entdeckungen vornehmlich in Ostafrika schwankenden Benennungen geht mit einiger Bestimmtheit so viel hervor, daß Homo erectus und Homo sapiens, der primitivere und der entwickeltere Homo, einige hunderttausend Jahre nebeneinander existierten. Das Vorhandensein von Steinwerkzeugen ist durch Funde in Tansanias Natronwüste am Rudolfsee auf mindestens 2,4 Millionen Jahre zurückdatiert. Ein dort gefundener ganzer Schädel des Australopithecus boisei hat ein Alter von mindestens 2,6 Millionen Jahren. Das Nebeneinanderbestehen der Genera Homo und Australopithecus ist noch umstritten, aber die Anzahl der noch zu prüfenden Objekte hat sich beträchtlich vergrößert durch die nördlich von Olduvai angetroffenen Fundstücke und den 1971 beschriebenen Australopithecus robustus.[213] Der Wechsel der Eiszeiten gehört zu den selektiven Evolutionsfaktoren. Jacques Monods gegen die unterschiedlichsten Richtungen und Schulen gewendete Polemik belegt ebenso wie die naturwissenschaftlichen Arbeiten von Grüsser und Henn, daß die materialistische Ansicht mit ihrer von Demokrit und Hippokrates bis in die Gegenwart konsequent fortgesetzten Tradition dank ihrer Hartnäckigkeit heute über die empirisch und theoretisch gesicherten Befunde verfügt. Materie und Bewußtsein erweisen sich als *nicht* dualistisch voneinander geschieden. Zum anderen ist damit belegt, was weltanschaulich wissenschaftlich begründete Hypothesen, die sich an einfachen äußeren Merkmalen orientieren und nicht minder einfache weltanschaulich materialistisch gesicherte Überlegungen benutzten, an Tragweite besitzen. Sie bewirken einen theoretischen Impuls, der schließlich die materiellen Strukturen erreicht, durch die der früher empirisch schwach begründete Schluß im Detail nachweisbar ist. Den Ärzten von Kos genügte ebenso wie den mit ihren Resultaten vertrauten Philosophen, bei Gehirnläsionen aus den Ausfallerscheinungen in Denken und Handeln auf die direkte Abhängigkeit der psychischen Funktionen von dem materiellen Substrat des Gehirns zu schließen. Welchen Partien, regionalen und nicht regionalen Regelungsstrecken bestimmte Leistungen zukommen und wie sich das Umsetzen der verschiedenen Erscheinungen physiologisch vollzieht – diese Frage wird von beeindruckenden Resultaten beantwortet, und noch manches überraschende Ergebnis wird sich zeigen.

Eines der nicht zu übersehenden Produkte der neueren biophysikalischen, biochemischen und gehirnphysiologischen Forschung ist, daß die Annahme von Seele als immaterieller Substanz *neben* der Materie mit ausgesprochen weltanschaulich atheistischer Betonung entschieden abgewiesen wird. Generell entspricht nach Bernhard Rensch der heutige Stand der menschlichen Erkenntnis und das auf sie gegründete Weltbild nicht mehr einer Religion.[214] Für das aktuelle Erleben, versichert aber Monod aus seinem Erfahrungskreis, seien Gehirn und Geist noch genauso dualistisch getrennt wie im 17. Jahrhundert. Im Verständnis einer Aufklärung des 18. Jahrhunderts meint Monod, es genüge, die Sachverhalte aufzuzeigen, um überholte Annahmen abzulegen. Tritt der erwartete Effekt nicht ein, schließt er für eine gesellschaftliche Erscheinung fälschlich auf gesellschaftlich unaufhebbaren genetischen Ursprung. Wie die Sache selbst erweist sich aber auch Jacques Monods Ansicht, repräsentativ für manchen anderen Theoretiker, als zwiespältig. Sein Anliegen besteht nicht in dem Bestreiten der besonderen Entwicklungsstufe des menschlichen Bewußtseins. Als es mit der physischen Möglichkeit des Gehirns eines Australanthropus, schreibt Monod, oder eines seiner Artverwandten gelang, den „Inhalt einer individuellen Überlegung oder Simulation mitzuteilen, war ein neues Reich entstanden – das Reich der Ideen“[215]. Als weiteres Ergebnis wurde „die geistige Komponente immer unabhängiger ... gegenüber den Einschränkungen, die ihrerseits durch die Entwicklung des Zentralnervensystems nach und nach aufgehoben wurden"[216]. Im Gegensatz zu Grüsser und Henn erscheint die damit ausgesprochene „Aufhebung der Einschränkungen" für Monod als Fortschritt. Als eine der positiven Folgen ist im Gegensatz zu anderen Äußerungen des gleichen Monod davon gesprochen, daß der Mensch generell und nicht bloß in den letzten Jahrhunderten „seine Herrschaft über das außermenschliche Universum"[217] ausdehnen konnte. Die aus der Umwelt drohenden Gefahren nahmen ab. Als Besonderheit der Gesellschaft ist von Monod der innerartliche Kampf angesehen. Eine der sich vornehmlich auf Herbert Spencer (1820–1903) gründenden sozialdarwinistischen Behauptungen eines Kampfes ums Dasein (struggle for life) hat eine nur unbedeutende Rolle in der Evolution gespielt, was nach Monod die Ansicht aller Fachgelehrten sei. Da die neuere Hominidenforschung das Nebeneinander von verschiedenen Genera und das Bestehen verschiedener Taxons nebeneinander wahrscheinlich macht, wird für das Durchsetzen des Homo sapiens und die bis dahin abgelaufene Periode das Vorherrschen von Stammes- und Rassenkrieg angenommen[218], wobei der Neandertaler durch einen „brutalen Massenmord"[219] zugrunde gegangen sein kann. Die gesellschaftlich verselbständigte Entwicklung der Kultur hat den Rassismus als Erscheinungsform des imperialistischen Krieges als Mittel der Auseinandersetzung unter den nationalen Gruppen der kapitalistischen Klasse wieder aufleben lassen. Monods evolutionstheoretische Analyse versagt indes vor der Analyse der antagonistischen Klassengesellschaft, wie bereits festgestellt werden mußte. Immerhin unterstreicht Monod noch einmal, daß sich „wegen der zunehmenden Geschwindigkeit der Kulturentwicklung diese und die genetische Evolution vollständig voneinander"[220] gelöst haben.

Mit der Vorstellung, es bestehe die Gefahr der genetischen Entartung der modernen Gesellschaft[221], unterstützt Monod das Erzeugen von Angst. Auf der einen Seite sucht er das Schrumpfen der Anzahl Begabter wahrscheinlich zu machen. Unbeachtet bleibt, daß jede Gesellschaftsformation ihre eigenen Bevölkerungsgesetze hervorbringt und bis dahin nicht oder wenig an der Kulturentwicklung beteiligte Klassen und Schichten zu Trägern der Revolution des Bewußtseins einschließlich der Wissenschaften macht. Jede neue herrschende Klasse schaffte sich bisher ihre eigene, zum größeren Teil aus ihr selbst hervorgehende Intelligenz. Das Bürgertum verfuhr ebenso wie die in den sozialistischen Ländern machtausübend und leitend gewordene Arbeiterklasse. Das Mißachten der sozialökonomischen Entwicklung veranlaßt Monod, Anleihen bei den früheren Elitevorstellungen zu machen.

N. P. Dubinin kam zu einem wesentlich anderen Resultat, weil er sich gegen die Vorstellung wendet, auch die Formen des sozialen Verhaltens des Menschen würden von den Genen allein bestimmt[222], eine von Grüsser und Henn mit den Untersuchungen über die Ausbildung der Hierarchie von Affenherden[223] nicht widerlegte Auffassung. Genetisch präformiertes Gruppenverhalten erfährt durch die verschiedenen Formationen eine Überlagerung durch andere Strukturen, die sich den sozialökonomischen Verhältnissen genetisch unvererbbar anpassen. Der Übergang von der Naturalwirtschaft zu einer kapitalistischen, auf Privateigentum an den Produktionsmitteln gegründeten Warenwirtschaft erzielt eine Umprägung der Persönlichkeit und des Gruppenverhaltens, die sich in der Geschichte ausweisen läßt. Die informellen Gruppen der bürgerlichen Gesellschaft in den verschiedenen sozialen Strata unterscheiden sich wieder von denen, die sich unter den Bedingungen des Gemeineigentums ausbilden. Für das frühgeschichtliche Afrika konnte Frobenius nachweisen, daß das längere Verharren auf der Stufe der Jäger oder der frühe Übergang zum Ackerbau bei annähernd gleichen Ausgangsbedingungen und ähnlichem Jagdritual von der Domestikationsfähigkeit der Jagdtiere abhängig ist und bis nach Sibirien seine Gültigkeit besitzt.[224]

Die Auslesebedingungen durch die sich entwickelnde Kultur ändern sich bereits bei dem Übergang vom Fischen und Jagen zu Frühformen des Ackerbaus und der Viehzucht, die wieder ihre unterschiedlichen Anforderungen an die fortpflanzungsbegünstigten Individuen stellen. Mit dem weiteren Fortschritt der Kultur bleibt weiterer Wechsel eine Angelegenheit der Produktionsweise und der technischen Revolutionen, die durch Vielfältigkeit der Anlagen begünstigt werden und bei dem Einüben neu erforderlich gewordener Fertigkeiten die von Monod vermerkte Lösung der Kulturentwicklung von der genetischen Evolution ausnutzen.

Gelegentlich erwähnt Monod, für einen Biologen sei es verlockend, die Evolution der Ideen mit der Evolution der belebten Natur zu vergleichen.[225] Als eindrucksvolles Resultat der Entwicklung von Thales und Pythagoras bis Galilei, Descartes und Bacon erweist sich ihm, daß die Natur objektiv ist; die wahre Erkenntnis könne nur aus der systematischen Gegenüberstellung von Logik und Erfahrung stammen.[226] Er empfiehlt, als Ausweg aus der im Imperialismus als akute Not der Zeit auch bei der bürgerlichen Intelligenz empfundene Verwirrung und Zerrissenheit des Bewußtseins eine Ethik der Erkenntnis zu begründen. In ihr soll die Erkenntnis durch die ethische Entscheidung für sie als grundlegenden Wert[227] fundiert sein. Dies sei das Aufstellen eines Objektivitätspostulats, das als Bedingung „wahre Erkenntnis" habe. Vor dieser Entscheidung habe es keine wahre Erkenntnis gegeben. Nun sei eine neue Norm vorhanden, die sich als Askeseübung des Geistes verstehe.[228]

Gesetzmäßigkeit in Natur und Gesellschaft unbeschadet strukturalistischer Einwände

Die neuere Entwicklung der Wissenschaften machte von den verschiedensten Aspekten her mit der Analogie vertraut. Mit den gleichen mathematischen Strukturen lassen sich Fragen aus verschiedenen Gebieten der Naturwissenschaft, technische und andere gesellschaftliche Fragen behandeln, in denen das Quantifizieren auf dieselben Differentialgleichungen, Wachstumsformeln oder Wahrscheinlichkeitsverteilungen führt und die vielfältige Modellbelegbarkeit von Ungleichungen ausnutzt. Mit dem Übertragen biologischer Sachverhalte hat indes die Theorie der Gesellschaft schlechthin Erfahrungen gemacht. Lehnt Monod es auch ab, einen biologischen Kampf ums Dasein auf die akuten gesellschaftlichen Probleme zu übertragen, so verfehlt er doch die Ursachen der Auseinandersetzung zwischen Kapitalismus und Sozialismus, wenn er sie ausschließlich auf einen Kampf und eine Selektion der Ideen beschränken möchte. Die freimütig gegen den Marxismus gewendete Meinungsäußerung Monods hält sich an die von ihm als die einzig gültige Plattform bezeichnete. Die Entgegnung vermag sich aber nicht bloß an ein Konfrontieren der Ideen an sich zu halten, sondern muß auf den zugrunde liegenden gesellschaftlichen Inhalt verweisen, dem sich Monod zu entziehen sucht, indem er bloß die Adresse nennt, ohne sich um die materielle Struktur zu kümmern, die die gegensätzlichen Weltanschauungen hervorgebracht hat, historisch aufrecht erhielt und heute bestimmt. Ein echtes Analogon ist das Anwenden von Wissenschaft auf die Gesellschaft, ist der Nachweis der Notwendigkeit der Entwicklung innerhalb der materiellen Basis.

Da Monod von dem Thema der Zusammengehörigkeit von Zufall und Notwendigkeit ausgeht, bleibt zu verwundern, daß er in der Gesellschaft weder die eine noch die andere Kategorie anwendet. In dem Bestreben nach Objektivität müßte der gleiche Grundsatz auch für den mit Notwendigkeit entstandenen Bereich gelten, da das Lösen von der alleinigen Grundbestimmtheit durch die Gene nicht das Aufhören der Gültigkeit von grundlegenden Denkbestimmungen der objektiven Realität bedeuten kann. Monods heftige Attacke auf Friedrich Engels scheint mehr den Grund der Antipathie gegen den historischen Materialismus als gegen das Vorhandensein von Naturdialektik zu haben. Da Monod unbeschadet seiner Karikierung ihrer von Engels dargestellten Momente einen Beitrag zu einer nach neuester Kenntnis gestalteten Entwicklungsgeschichte der lebenden Natur bis zum Beginn des Menschseins zu geben bemüht ist, ist er mit jenem Gebiet beschäftigt, von dem er meint, es sei bloß aus Gründen der Vollständigkeit dem historischen Materialismus beigegeben worden. Dem Zwang der Entwicklung im Gegenstand der Biologie preisgegeben, schockiert ihn weniger vielleicht die vorgefundene Situation des spätbürgerlichen entfremdeten Bewußtseins als die sich daraus ergebende Konsequenz, sich mit der Gültigkeit gleicher Gesetze der Entwicklung in der Gesellschaft abzufinden, die Unvermeidlichkeit der biologischen Entwicklung[229] auch auf die Beziehungen der gesellschaftlichen Klassen auszudehnen.

Ohne auf den französischen, auf die Gesellschaft ausgedehnten Strukturalismus einzugehen, bleibt Monod näherungsweise bei Folgerungen, die ihren Ausgang bei Claude Lévi-Strauss[230] besitzen und von Michael Foucault fortgesetzt wurden[231]. Im Anschluß an Foucault läßt sich erkennen, daß die Objektivität, von der Monod spricht, auf eine Auflösung der Gesellschaft in Zufälliges hinausläuft. Sie erneuert einen unhistorischen philosophischen Idealismus, der die Ideen, auf die sich Monod bezieht, formalisiert, um sie ihres gesellschaftlichen Kontextes zu berauben. Erwähnt Monod das Entstehen der Sprache und des Vorausdenkens künftiger Ereignisse, so bleibt er noch im Kontext der biologischen Evolution. Für den Inhalt der biologischen Eigenschaft der Simulation, den die kulturellen Prozesse bestimmen, befaßt sich Monod nur bis zum Sinanthropus und seinen rohen Artefakten, der neben dem Java-Menschen vielleicht am Anfang des Günz-Mindel-Interglazials lebte.[232] Ist dem Sinanthropus mit den frühen Werkzeugen die Sprache zugestanden, bleibt dann diese Eigenschaft, Homo faber [233] zu sein, unbeachtet. Das Beachten und Untersuchen der Regeln, die sich in Sprachhorizonten ausbilden, gibt dem Historiker Aufschlüsse über Begriffsverschiebungen. Für Foucault bleiben die Übergänge uninteressant, da er sie vorwiegend als zufällige Modifikationen einer geprägten Sprachschicht nachempfindet und damit die eventuell Evolution bedeutenden Veränderungen nivelliert.[234] Das Ausschalten von Marx analogisiert Foucault als erkenntnistheoretische Mutation der Geschichte[235], indem er der biologischen Redeweise den Sinn der Letalmutation für den entwicklungsgeschichtlichen Aspekt zu geben bemüht ist. Die von Marx entdeckten Beziehungen gelten in sich als suspekt, nicht bloß wegen Basis und Überbau, der Klassenauseinandersetzungen und der Ablösung einer Gesellschaftsformation durch eine andere, höhere, sondern schon wegen des Herstellens von Relationen zwischen deutlich unterschiedenen Sachverhalten, wie etwa den Besitzverhältnissen[236], ein in der neueren bürgerlichen Soziologie sich häufig wiederholendes Versäumnis. Kein Spiel der Relationen, ruft Foucault emphatisch aus, sondern interner Dynamismus[237]. Mit dem Verzicht auf Relationen ist die Absage an Beziehungsgefüge gemeint, die *feste* Strukturen erzeugen, die sich als wesentliches Verhältnis im Sinne Lenins ansprechen ließen. Unter solchen festen Strukturen versteht und will Foucault verstanden wissen das Gegenteil, den eklatanten kontradiktorischen Widerspruch zu dem, was der philosophierende Strukturalismus als Struktur anspricht. Im Grunde ist ein Katalog von Merkmalen gemeint, dessen beliebige Verknüpfung jede Konstellation annehmen darf, bloß nicht die einer wesentlichen, den Geschichtsprozeß charakterisierenden Gesetzmäßigkeit. Verworfen ist mit dem Begriff des Systems zugleich der andere der Form. An ihre Stelle tritt „die harte Arbeit der Freiheit“ und „die unablässige Anstrengung eines Bewußtseins, daß sich bemüht, sich selbst einzufangen, und versucht, sich bis auf den tiefsten Grund seiner Bedingungen auszuschöpfen“[238]. Das „Zu-sich-selbst-Kommen-des-Bewußtseins“ versteht sich als absoluten Individualismus. Die Kategorie der Kontinuität, die die Evolution bestimmt und die dialektisch die Diskontinuität, den Sprung, die revolutionäre Veränderung der materiellen und ideellen Produktivkräfte einbezieht, verschwindet. Foucault behauptet, Geschichte vernachlässige in ihren Analysen die Diskontinuität, das Beschreiben spezifischer Serien und vernachlässige es, das Spiel der Differenzen an den Tag zu bringen. Jedes Werden in der Geschichte verzichte auf die Schwellenwerte und die Transformationen. Foucault ist darüber hinaus bemüht, aus Marx einen Theoretiker zu machen, dem fälschlich eine Entwicklungstheorie zugeschrieben worden sei, den man anthropologisiere, indem man ihn zu einem Historiker der Totalität mache.

Gemeinsam ist Monod und Foucault das Fehlen der Dialektik im Behandeln der Gesellschaft. Hat Monod die Einheit von Zufall und Notwendigkeit, auf deren Grundlage er Gesetzmäßigkeiten formuliert, ohne sie so zu nennen, dann entdeckt er in den Dingen Dialektik. Die Sachverhalte erzwingen es, die Einheit von Notwendigkeit und Zufall zu behandeln, um von dem behandelten Mikroobjekt bis zur Erscheinungswelt und ihrem umfangreich belegten Evolutionsprozeß gelangen zu können. Das Problem, als Aufgabe formuliert, bedeutet, die inneren Mechanismen aufzudecken, die bei zunehmender Kenntnis der inneren Wechselbeziehungen zu neuen Arten gelangen lassen, die im groben die phänomenologische Klassifikation bereits zu erschließen fähig war. Deshalb nützt es Monod wenig oder gar nichts, im Replikationsprozeß von DNS und RNS die Gültigkeit der Booleschen Algebra und das Fehlen einer dialektischen Höherentwicklung zu diagnostizieren, weil umgekehrt gerade unbeschadet des

Vorhandenseins undialektischer Negation der Negation deren dialektische Seite aufzuschließen blieb. Daher ist es unumgänglich, aus der Einheit von Notwendigkeit und Zufall auf die andere dialektische Einheit von Kontinuität und Diskontinuität zu kommen. Der faktische Widerspruch von Beharren und Veränderung muß für das Bewußtsein aufgehoben werden, ohne daß von seiten des Bewußtseins dazu gedrängt wird, weil beide Momente sich als untrennbar in den Objekten der Naturforschung zeigen, die Invarianz der Evolution ebensoviel Interesse aus praktischen und theoretischen Gründen erweckt wie die Invarianz der Möglichkeit zu Mutation *und* zu den unerhörten Leistungen der Gene und Enzyme, die für den Reparaturmechanismus zum Zweck der Erhaltung der Art zuständig sind. Muß also Monod, und mit entschiedenem Erfolg, Naturdialektik betreiben, so befindet sich Foucault in einer anderen Situation. Die Dialektik der Gesellschaft demonstriert sich im historischen Prozeß. Aus dem Widerspruch der gesellschaftlichen Erscheinungen, der sich ebenfalls aufdrängt, sucht er gegen den historischen Materialismus die Dialektik gerade dort auszutreiben, wo sie erkannt ist. Um sich zu verdeutlichen, enthebt sich Foucault nicht der Mühe, ebenfalls katalogmäßig darzustellen, *welche* Bestandteile der gesellschaftlichen Wirklichkeit zu den verdächtigen gehören und welche ihnen entsprechenden Kategorien aus der Analyse auszuschließen seien. Es handelt sich vorwiegend um die, mit deren Dialektik sich Monod zu befassen hatte, um die Spannung zwischen Erhaltung und Neuwerden der molekularen und makroskopischen Objekte austragen und zu einer Theorie verfestigen zu können.

„Dynamisch" wird bei Foucault zur bloß zufälligen Konstellation von Bezugsobjekten in der Gesellschaft, die schon zuvor aus der materiellen Sphäre herausgenommen waren und das „Bezeichnete" durch das „Bezeichnende" ersetzen. Es wäre anzunehmen, daß damit ausgedrückt sein sollte, daß die Untersuchungen sich im Begrifflichen zu bewegen hätten, was aber immerhin für jede Wissenschaft Gültigkeit besitzt und die Verbindlichkeit für die von ihnen gemeinten Prozesse und ihre einzelnen Individuen nicht ausschaltet. Für Foucault bedeutet aber der Dynamismus die Individualisierung der Subjekte der Geschichte, ohne diesen die Geschichte zu lassen, die sie in ihrer gesellschaftlichen Tätigkeit vorfinden und die sie willentlich oder unwillentlich beeinflussen.[239] Der Verzicht auf Dialektik in der Geschichte, wie ihn Foucault vornimmt, begnügt sich damit, den Anschein zu erwecken, als ob die von Marx entdeckten Sachverhalte verbotene Kategorien oder verborgene Parameter seien, deren Benutzen die Geschichte zur Geschichtslosigkeit verurteilt. In der Quantenphysik gehörte zu den sie begründenden Entdeckungen, daß Wahrscheinlichkeitsverteilungen und Übergangswahrscheinlichkeiten das Wesentliche aussagen und keine verborgenen Parameter vorfindbar sind oder gefunden werden müßten. Da in der Gesetzmäßigkeit der Geschichte das Widersprüchliche in Zufall und Notwendigkeit erscheint und erst die dialektische Gesetzmäßigkeit ergibt und somit im Klassenkampf anwendbar ist, benutzt Foucault ein Verfahren, das den Zusammenhang aus den betrachteten Prozessen ausschließen soll.

Menschengeschichte ist aber weder Physik noch Biologie, obwohl ihre Individuen sowohl diese Disziplinen entwickelt haben als auch in einer materiellen Welt leben, in der jene Gesetze Gültigkeit besitzen. Das sie tatsächlich Anwendung finden, gehört für Monod zum historischen Sündenfall des Menschen, obwohl die Genesis der Bibel bei ihm keine sonderliche Sympathie erweckt. Foucault will Werden ohne Kontinuität, Diskontinuität ohne Bruch, Übergang ohne Vermittlung, Schwellenwert ohne Bewertung, Struktur ohne Richtung, Desintegration charakteristischer Beziehungsgefüge, um aus dem Schutt sich entwickelnder historischer Formen die Richtungslosigkeit der Geschichte proklamieren zu können. Foucault gibt Monod damit das Thema für das Ausschalten des Zwecks und der Zielgebung aus der Gesellschaft. Weil eine Menge zufälliger Ereignisse zunächst Beliebiges erzeugt, höher oder niedriger Entwickeltes, mußte Manfred Eigen Kriterien einführen, die in dem mathematischen Nachvollzug der biologischen Entwicklung Fortschritt sichern. Foucault sucht umgekehrt mit dem Zufall die historische Evolution auszuschalten. Aus Reflexion über den möglichen Zufall von Kombinationen, von denen Foucault kaum spricht, wird die Akausalität der Ereignisfolgen für ihn zur Grundlage. Das ist nicht mit dem sogenannten Indeterminismus der Quantenphysik identisch, deren Übergangswahrscheinlichkeiten den

Zugriff auf das Objekt gestatten. Foucault denkt nicht an Wahrscheinlichkeitskalkül, sondern an eine Entfremdung der von ihm bevorzugten Elementgruppen, ihre Verselbständigung vor der materiellen Wirklichkeit *und* der Idealität der Gedanken. Durch das Anerkennen der Ideen bleibt Monod zweifellos näher an der gesellschaftlichen Wirklichkeit als Foucault, der annimmt, die Sprache mache die Spezifik der sonst wesenlosen Individuen. Foucaults Entwesung der Person isoliert sie aus dem gesellschaftlichen Beziehungsgefüge, um Subjekt, Mensch und Humanismus zu persiflieren. Das Ergebnis ist ein ausgehöhltes Individuum, das zugleich von der Sprache manipiulierter Schemen *und* in seiner Wesenlosigkeit zum ausschließlich auf sich gestellten Don Quichote deklariert wird. Eine merkwürdige Widerspiegelung der kapitalistischen Konkurrenzgesellschaft, hat Foucaults Strukturalismus eine pervertierte Zerstörungslust, die sich zunächst einmal an der Geschichte austobt. Soweit gegen Marx die historische Analyse der Produktionsbeziehungen, ökonomischer Determination und des Klassenkampfes abgelehnt ist[240], bleibt Foucault in einem spätbürgerlichen Rahmen, der aus Abneigung gegen die Arbeiterklasse auch die bürgerlich materialistischen Traditionen verneint.

Foucault wirft Marx vor, aus den genannten drei Gesichtspunkten sich auf der Suche nach einer globalen Geschichte, wo alle Unterschiede einer Gesellschaft auf eine einheitliche Form zu bringen seien, zu befinden. Damit organisiere er eine Vision der Welt, etabliere ein System der Werte, einen kohärenten Typus der Zivilisation.[241] Im Gegensatz zu Nietzsche habe Marx aus der Rationalität den *Telos*, das letztliche Ziel der Menschheit zu machen versucht. Die ganze Geschichte des Denkens sei auf diese Teleologie abgestellt[242], ein von Monod aufgegriffener Gedanke. Wie aber Foucault zur Begründung der Annahme von Teleologie kommt, besitzt ein gewisses erkenntnistheoretisches Interesse. Produktionsbeziehungen und Klassenkampf lassen sich aus der Geschichte, solange Klassen nachweisbar sind, nur wegblenden, aber nicht beseitigen. Unter ökonomischem Determinismus versteht Foucault ausschließlich die mechanistische Folgebeziehung. Da ihm Dialektik auf das äußerste verdächtig scheint, *muß* er Determination als ausschließlich mechanistisch auffassen. Damit entgeht er der Möglichkeit, wenigstens einen kleineren Teil der Folgerungsweisen einzusehen, die in dem Quantifizieren gesellschaftlicher Prozesse und zahlreicher Naturwissenschaften seit längerer Zeit Anwendung finden, Entscheidungen unter Unbestimmtheit und Wahrscheinlichkeitsvoraussagen zulassen. Wie in den Mikrobereichen dieser Disziplinen die Regelmäßigkeit von Zeitserien Ausnutzung gestattet, verhält es sich nicht anders im gesamtgesellschaftlichen Zusammenhang. Allerdings macht es einen nicht unbeträchtlichen Unterschied aus, daß zunächst in den langfristigen qualitativen Bewegungen der Gesellschaft das Erarbeiten möglicher Entwicklungsbeziehungen gelang. Voraussage im Sinne von Karl Marx bedeutet nicht das Annehmen eines der Weltgeschichte vorgegebenen *Ziels*. Vielmehr verweigert Marx auf das entschiedenste, sich in die Garküche der Zukunft zu begeben. Die Voraussage des dialektischen und historischen Materialismus hält sich an die in einer bestimmten Periode sich abzeichnenden Entwicklungstendenzen und betrachtet die qualitative Veränderung als einen der wichtigsten voraussagbaren Gesichtspunkte. In Analogie zu dem Werden und Vergehen vergangener Gesellschaftsformen wird auf die Notwendigkeit des Übergangs vom Kapitalismus zum Sozialismus geschlossen, ein von Marx umfangreich empirisch begründeter Schluß, der sich durch die Klassenaktivität des Proletariats und seiner Partei inzwischen zu realisieren begonnen hat. Die Vorsaussetzungen sind jene Zufallsprozesse der bürgerlichen Warengesellschaft, die Foucault als diskontinuierlich auffassen würde, wenn er sich damit beschäftigte. Dialektisch ist die Diskontinuität das Primäre, die Kontinuität der Beziehungen mitgegeben.

Für den Naturwissenschaftler in der Struktur der Materie selbstverständlich, soweit Partikeln, Quanten und einzelne Objekte gemeint sind, versagt sich undialektischer Idealismus in der Regel dem ähnlichen Sachverhalt in der Gesellschaft. Ähnlich wie sich Feld und Teilchen oder Quanten in Wechselbeziehungen befinden und gleichermaßen im Sinne Lenins als materiell erscheinen, enthält die Gesellschaft in ihren Beziehungen Materialität und veranlaßt, daß sich der Mensch nur in der Gesellschaft vereinzeln kann. Die Beziehungen sind nicht im Sinne der Physik materiell, aber empirisch beschreibbar und statistisch meßfähig. Die Kontinuität der Folge setzt sich aus miteinander und gegeneinander vollzogenen Tätigkeiten zusammen. Ihre Widersprüchlichkeit bedeutet kein Auseinanderfallen der Gesellschaft. Umgekehrt verwirklicht sich im dialektischen Zusammenhang eine vielschichtige Bezogenheit, in der sich aus widerstreitenden Interessen, sich durchdringendem Werden und Vergehen Entwicklung bestimmter Gebiete durchsetzt. Sie betrifft in erster Linie die materielle Basis, wie Marx Produktivkräfte und Produktionsverhältnisse nennt, dazu aber außerdem Erscheinungen des Bewußtseins, soweit sie objektive Bereicherung des Wissens und des Handelns darstellen. Was als solche Bereicherung sich ausweisen kann, verlangt besondere theoretische Bestimmung.

Foucault überschaut nicht, wie sich aus dem zufälligen Einzelakt Notwendiges und Gesetzmäßiges ausbildet, weil er das Einzelne und das Allgemeine nicht auf ihre dialektische Verwandtschaft untersucht. Soweit er findet, daß es diskrete Objekte in der Geschichte gibt, vermeint er, eine Absage an die Kontinuität, wie er sie versteht, gefunden zu haben. Das von Foucault entwickelte Programm einer „allgemeinen Geschichte“ (histoire générale)[243] könnte ohne weiteres als Moment der Kulturgeschichte begriffen werden, wenn er nicht der Auffassung wäre, daß mit dem einen das andere absolut auszuschließen sei. Die Spuren gelebten Lebens sprechen lassen verlangt nach dem Benutzen von Dokumenten, ihrer Querverbindung, der Analyse, wieviel sie bringen und wieviel sie verschweigen, das Ergänzen durch alle die der Kulturgeschichte geläufigen Gebiete, ihre Integration und das Wichtignehmen der Musikgeschichte wie der Sexualgewohnheiten, verlangt das Beachten des Wechsels in der Zeit und des Unterschieds von Gruppe zu Gruppe, von Landschaft zu Landschaft, von Volk zu Volk und des Wiederholens des anderswo Gefundenen[244], des kollektiven Gedächtnisses der Gesellschaften und der Völker. Foucault scheint anzunehmen, daß sich mit der Menge des Materials und der Häufung von Fakten jeder Versuch einer Verallgemeinerung und einer Generalisierung der Einzelergebnisse von vornherein verbiete. Monod sieht bloß, daß Menschen ihre Handlungen mit Ziel und Zweck durchführen, und geht von dieser Eigentümlichkeit aus, um sich Foucaults Folgerungen anzuschließen.

Beiden entgeht, daß statistisches Generalisieren und der Schluß vom Einzelnen auf das Allgemeine *dann* gerechtfertigt ist, wenn sich dafür hinreichend Gründe beibringen lassen, die im Ergebnis ihre Rechtfertigung finden. Monod entgeht, daß die in der Molekularbiologie angewendeten statistischen Verfahren früher bei gesellschaftlichen Erscheinungen ihre Stichhaltigkeit bewährten, ehe sie zu einem der wirkungsvollsten Mittel der Naturwissenschaften zu werden vermochten. Obwohl sich in der Linguistik ebenfalls die Statistik bewährt, meint Foucault ihr nicht jenen erkenntnistheoretischen Status zubilligen zu dürfen, der es rechtfertigen würde, die mit ihr bei der Bewältigung praktischer Handlungsvollzüge erzielten Resultate als Argument anzunehmen. Das Kriterium der Praxis ist der Technik und der Ökonomie, der Pädagogik und der Psychologie wie der Militärwissenschaft selbstverständlich, nicht aber Foucaults Archäologie des Wissens. Die Theorienscheu Foucaults ist ein verbreitetes Verhalten, das sich in Disziplinen der bürgerlichen Gesellschaft durchgesetzt hat, die sich mit gesellschaftlichen Erscheinungen befassen. Natürlich macht die allgemeine Idee von historischen Zusammenhängen nicht die ganze Theorie aus und bedarf der hinreichenden Begründung. Wie aber von den Regelungsbeziehungen des Laktose-Systems bei Escherischia coli auf andere Synthese-Zyklen zu schließen ist und der eine Regelungsprozeß die Kategorien von Regulator, Repressor, Operator und Promotor zu erkennen gestattet, so verhält es sich, wie Marx darstellte, bei der Untersuchung grundlegender gesellschaftlicher Funktionseinheiten. Die Untersuchung des Kapitalismus führte Marx an der entwickeltsten damaligen Gesellschaft und setzte in seinen methodischen Bemerkungen voraus, daß bei dieser Analyse vereinfacht werden müßte[245], in weniger entfalteten Gesellschaften außerdem die unterschiedlichsten Entwicklungsformen anzutreffen seien, bei denen nicht alle Erscheinungen vorkommen, die sich in der entwickelten Form vorfinden. In der Genetik förderte der Schluß vom Einzelnen den weiteren Aufschluß etwa der mit Proteinen behafteten Boten RNS bei höheren Organismen oder der cytoplasmatischen i-DNS, die Teile der Information in das Zytoplasma überträgt, wie Damon und andere nachweisen. In der Geschichte hindert das Kennen von Gesetzen ebensowenig, sondern erschließt den Zugang zu weiteren Prozessen der Entwicklung. An sich selbstverständlich, differiert in der Geschichte das Logische und das Historische. Foucault bringt mit dem Anraten einer Aufsplitterung der Forschung das in ihnen enthaltene Allgemeine in Mißkredit und neigt bloß dort zur Verallgemeinerung, wo Dialektik ausgeschlossen sein soll und isolierte Teilstrukturen die Stelle weiterreichender einnehmen sollten. Im Gegensatz zu seiner biologisch-naturwissenschaftlichen Arbeitsweise schließt sich Monod hinsichtlich der Gesellschaft faktisch den Resultaten an, die Foucault glaubt erzielt zu haben.

Der Grad notwendiger Detailforschung ist von den Anforderungen der Sache abhängig und verlangt als ebenfalls notwendiges Korrelat Verallgemeinerung. Ihr ist auch dann nicht zu entgehen, wenn aus einer am Empirismus als methodologischer Richtlinie orientierten Überzeugung bloß die Fakten ausreichend sein sollen. Die vorgenommene begriffliche Rekonstruktion des Sachverhaltes bleibt dann auf einer niedrigeren Abstraktionsstufe. Die Wiedergabe des Gefundenen in Sprache arbeitet bereits begrifflich, und Begriffe sind stets Allgemeines, sind Verallgemeinerungen, die nicht selten Empirie und hypothetisch-deduktives Vorgehen benutzen. Da Foucault auf die Verallgemeinerung absichtlich zu verzichten behauptet, bleibt das theoretische Denken hinsichtlich des Gegenstandes der Gesellschaft außer Betracht. Foucault wendet gegen Marx ein, daß er „globale" Geschichte schreibe. Faktisch beschreitet diese Art von generalisiertem Strukturalismus in der Historie am sichersten den Weg, den Friedrich Engels in der Naturwissenschaft zum Mystizismus führen sah. Engels notierte dazu in seiner Naturdialektik: „Nicht die überwuchernde Theorie der Naturphilosophie, sondern die allerplatteste, alle Theorie verachtende, gegen alles Denken mißtrauische Empirie"[246] veranlassen solchen Mystizismus. Hinzugefügt ist: „Man verachtet in der Tat die Dialektik nicht ungestraft. Man mag noch so viel Geringschätzung hegen für alles theoretische Denken, so kann man doch nicht zwei Naturtatsachen in Zusammenhang bringen oder ihren bestehenden Zusammenhang einsehn ohne theoretisches Denken."[247]

Monod verstand seinen Essay über Zufall und Notwendigkeit als Naturphilosophie, weil er seine „Fachdisziplinen im

Gesamtzusammenhang der modernen Kultur zu sehen"[248] wünschte. Gerade für jenen Zusammenhang gelten indes diese Bemerkungen von Friedrich Engels. Foucault vermochte bei dem Versuch, archivierte Schichten des gesellschaftlichen und individuellen Bewußtseins aufzudecken, dem theoretischen Denken nicht zu entgehen, wenn er es auch beabsichtigte. Er fing sich gleichsam in der Falle des Begriffs. Nun mußten Monod und Eigen darauf verweisen, daß sie *wissenschaftlich* vereinfachen. Damit befinden sie sich sicherlich in Einklang mit der Dialektik *Hegels* und *Lenins*. In den „Philosophischen Heften" verwies Lenin auf eine bemerkenswerte Stelle bei Hegel, in der die aus dem konkreten Material im Begriff abgebildeten Merkmale beurteilt sind. Nach Lenin spiegeln sie die Natur „tiefer, richtiger, vollständiger wider"[249]. Für den Naturwissenschaftler ist die erste Stufe dieses Kriteriums der Praxis das Experiment, dann die Anwendung; für den theoretischen Teil der Arbeit am Problem sind es Fakten und Hypothesen, wobei sich die Fakten, der Sache nach und vom Verständnis abhängig, oft nicht unbeträchtlich modifizieren.

Foucaults Faktenmaterial besteht wie das der Historiker in Dokumenten *und* den möglichst umfassend verwendeten Einzelheiten der Gewohnheiten und der sonstigen Kultur, allerdings mit Ausschluß der Erscheinungen der materiellen Kultur. In der Molekularbiologie, die Monod betreibt, liegt in dem Code der DNS und RNS der Bauplan von organischen Objekten vor. Weggelassen ist in der Codierung ein Teil der phänotypischen Ausbildung, die der funktionsfähige Organismus auf jedem Teilabschnitt der Ontogenese, des Werdens und Vergehens annimmt. Ihre Phylogenie läßt sich aus den sich stets erweiternden Daten der Stammesgeschichte ergänzen und überschlagen. Die von Foucault verachtete Kontinuität wird erschlossen, je nachdem erweitert oder eingegrenzt. Für die Archäologie des Wissens liegt ein nicht im mindesten veränderter Sachverhalt vor. Unvollständigkeit des Faktenmaterials ist aus objektiven Gründen in der Geschichte stets zu verzeichnen. Wie weit es als wesentlich zu erachten ist, hängt von der Position innerhalb des historischen Zusammenhangs und von dem Zweck der Untersuchung ab, der von der Gegenwart und dem höchstens anscheinend neutralen Interesse der Forscher geprägt wird. In den Naturwissenschaften befindet sich das Interesse des Forschers ebenfalls innerhalb von gesellschaftlichen Beziehungen. Die Evolutionstheorie besitzt einen eminenten weltanschaulichen Wert, da sie Entwicklung in der Natur nachweist. Wird indes versucht, wie es Monod tut, sie gegen die Entwicklungstheorie der Gesellschaft auszuspielen, behält sie zwar ihre allgemeine weltanschauliche und erkenntnismäßige Bedeutung, erfordert indes um so mehr, bis zum historischen Materialismus weiter zu gehen, wenn über gesellschaftliche Erscheinungen Stichhaltiges ausgesagt werden soll.

Die Diskontinuität der Fakten ist in den Naturwissenschaften meist bereits durch die Messung gegeben, die einen bestimmten Akt darstellt und bei dem Vorhandensein kontinuierlicher Aufzeichnung nur die kritischen Parameter berücksichtigt. Signifikante Proben zu benutzen, hat sich auf vielen Gebieten bewährt. Auf sie trifft buchstäblich Hegels und Lenins Vermerk zu. Materialistisches und dialektisches Herangehen hat die Voraussetzung, daß auf diese Weise eine wissenschaftlich zutreffende Abbildung vorgenommen wird. Das Vereinzeln in von der Sache *nicht* geforderten Kleinstbereichen dient dann häufig der Erkenntnis nicht, es sei denn, es solle umfassendere Erkenntnis absichtlich verhindert werden. Soweit sie aber anderer Forschung mit dem Fortschritt des Wissens nutzt, ist sie gerechtfertigt. Monod kann feststellen, daß „die Evolutionstheorie so lange in der Luft" hing, „wie es keine *physikalische* Theorie der Vererbung gab"[250]. Soweit die Physik weitere Statistik in den Grundlagen der Vererbung erkennen ließ, förderte sie die Evolutionstheorie, gestattete wesentliche Lücken auszufüllen. Foucault schließt gerade aus, nach der inneren Wechselbeziehung zu suchen, die in der Geschichte der menschlichen Gesellschaft mit Unvermeidlichkeit und Notwendigkeit aus den divergierenden Strömungen und Tendenzen der Klassenauseinandersetzungen hervorgeht.

Monod bekannte sich ausdrücklich als Naturwissenschaftler zur Notwendigkeit eines politischen Standpunktes. Innerhalb der Fachdisziplin wurde in seinem Denken erkenntnistheoretische und weltanschauliche Orientierung notwendig, weil es die Forschung erforderte. Für sein gesellschaftliches Fehlurteil seien dementsprechend zur Begründung ebenfalls philosophische Überlegungen angeführt. Sie gipfeln in der

Behauptung, die Verquickung von Wertkategorien und Erkenntniskategorien sei gefährlich.[251] Die Verselbständigung der Wertkategorie ist ethisch verstanden und soll die ethische Entscheidung als einen grundlegenden Wert begründen.[252] Wie weit in den Naturwissenschaften das Trennen von Wert und Erkenntnis möglich sei, wurde oft diskutiert, beruht aber auf einer mehrfachen Verschiebung des Bezugsfeldes. Die materiellen Objekte besitzen ihre Unabhängigkeit vom menschlichen Bewußtsein und setzen ihre Unabhängigkeit im Experiment oder in der Anwendung durch. Die Beschäftigung mit Naturobjekten oder der natürlichen Seite technischer Objekte erweist sich als abhängig von dem Entwicklungsstand der Produktivkräfte und dem damit gegebenen Interessenhorizont, von dem gesellschaftlichen Fordern oder Versagen des Forschungsgebietes und dem individuellen Beweggrund, der in der Grundlagenforschung zu den institutionell geförderten Problembereichen hinzukommt. *Jedes* dieser und einiger anderer Momente verbindet Wertung und Erkenntnis. Empirisches Forschen und logisches Folgern, dialektisches Denken und materialistische Grundorientierung ergänzen sich. Die Natur überhaupt in das Interessengebiet einer Gesellschaft einzubeziehen und sie zu befragen, erweist sich in den großen säkularen weltanschaulichen Disputen als so grundlegend, daß es sich anders nicht nachvollziehen läßt. *Ohne* Bewertung innerwissenschaftlicher Art lassen sich außerdem, um Engels abzuwandeln, keine zwei Fakten in Beziehung setzen. In der Gesellschaft ließen Neupositivismus und die an Foucault orientierten Strukturalisten wenigstens verbal die Beziehung der Fakten als sekundär und ausschaltbar erscheinen, womit die Fakten ebenfalls ihre Bewertung erfahren. Manfred Eigens Unterscheidung zwischen üblicher Informationstheorie und ihrer Anwendung in dem Versuch der Nachkonstruktion evolutiver Molekularprozesse beginnt mit einer Umbewertung. Weggelassen wurde das Unterscheiden von Information und Nonsense, weil jedem berücksichtigten Objekt gleichzeitig und nacheinander Sinn oder Sinnlosigkeit vom evolutiven Ergebnis her zukommen kann. Aus der Bewertung dieser Art kommt aus der Sache wie in der Gesellschaft die Stellung zu den ABC-Waffen, den Klassen und der Ordnung, wovon es abhängig ist, wie weit die Gesellschaft wissenschaftlich erforscht wird. Sich bloß mit Mikrobereichen der Gesellschaft zu befassen, erweist sich als Bewertung besonderer Art und Flucht vor den Strukturen, in denen auf Evolution und mögliche revolutionäre Umwälzung zu stoßen wäre. Gegenüber den Gesellschaften herrscht im Prinzip Forschung fördernde Klassenobjektivität, wobei die Entscheidung für eine Klasse als der fortgeschrittensten nicht minder von objektiven sozialökonomischen Beziehungen abhängt, die weitere Bewertung ebenso von ideologischen und politischen Klassenauseinandersetzungen. Wissenschaft an sich gibt es deshalb nicht. Mit Jacques Monods Objektivitätspostulat ist deshalb keine Entscheidung zu finden, die sich allen anderen möglichen mit einem höheren Geltungsgrad überlagern könnte. Ethik hat durchaus einiges mit Erkenntnis zu tun. Versucht Monod, die eine und die andere von der Gesellschaft abzutrennen, muß er an den von der gesellschaftlichen Entwicklung gesetzten Akzenten vorbeigehen und gerät wieder in den Elfenbeinturm zurück, aus dem er sich gerade herausbegeben hatte. Aus dem naturwissenschaftlichen Materialismus wurde ein undialektischer Idealismus, der einen abstrakt angenommenen Menschen seine materielle Realität übersteigen läßt. An die Stelle der Religion setzt Monod eine Transzendenz, deren Schöpfer und Bewahrer dieser Mensch selbst sei.[253] Manfred Eigen schauderte vor der von Monod aufgestellten Maxime eines Objektivitätspostulates, die er als Dogmatisierung empfindet, der Barmherzigkeit und Nächstenliebe als erstes zum Opfer fielen.[254] Der von Monod bei Camus entlehnte Satz über den glücklichen Sisyphus ist aber von seinem Verfasser als „Versuch über das Absurde" gekennzeichnet, und Eigen sieht darin eine Ethik, in der „die Nacht kein Ende hat"[255], betrachtet sie als unbefriedigend, wofür er bei Bert Brechts Galilei eine bessere Auskunft findet.[256] Für den Wissenschaftler steht die Verantwortung für seine Arbeit als brennendes Problem, da die Folgen von Entdeckungen oft nicht übersehbar sind. Um so mehr sollte das Ernstnehmen der in der Einzelwissenschaft benötigten Objektivität und Wertung auf die Gesellschaft gerichtet sein, um in ihr die Zielpunkte für die persönliche Ethik zu finden. Sie erhält in unserer Epoche allein den tragenden Inhalt durch Annäherung und Bekenntnis zur Arbeiterklasse und ihren im Marxismus-Leninismus gewonnenen innerweltlichen Zielsetzungen.

Anmerkungen

Die Zitatnachweise aus den Marx/Engels-Werken, Berlin 1956ff., sind wie folgt abgekürzt: MEW, Band und Seite. – Die Zitate aus der Lenin-Werkausgabe, Berlin 1956ff., sind wie folgt nachgewiesen: Lenin, Band und Seite.

1 Lenin, Bd. 14, Berlin 1962, S. 363.

2 J. Monod, Le hasard et la nécessité, essai sur la philosophie naturelle de la biologie moderne, Paris 1970. Deutsche Übersetzung: Zufall und Notwendigkeit, Philosophische Fragen der modernen Biologie, Vorrede zu dieser Ausgabe von Manfred Eigen, München 1971. – Französische Ausgabe abgekürzt: HN, deutsche: ZN. Auf beide Ausgaben ist meist nur dann verwiesen, wenn die benutzte Übertragung vom deutschen Text der Arbeit Monods abweicht.

3 HN, S. 10, ZN, S. 1.

4 ZN, S. 1: „Alles was im Weltall existiert, ist die Frucht von Zufall und Notwendigkeit" (Demokrit).

5 ZN, S. 1 (Aus Albert Camus, Der Mythos von Sisyphos (1942), Hamburg 1963, S. 101): „... Dieses Universum, von nun an ohne Herren, erscheint ihm weder unfruchtbar noch nichtig. Jedes Gran dieses Gesteins, jeder Mineralsplitter dieses Berges voller Nacht ist eine Welt für sich. Der Kampf um die Gipfel allein kann ein Menschenherz ausfüllen. Man muß sich Sisyphos glücklich denken."

6 G. Mendel, Versuche über Pflanzenhybriden 1865. Über einige aus künstlicher Befruchtung gewonnene Hieracium-Bastarde 1869. Zunächst unbeachtet und von Tschermak wiederentdeckt und 1901 wieder publiziert.

7 M. W. Wolkenstein, Wasser, Eiweiße, Gene. In: Wissenschaft und Menschheit, Leipzig/Jena/Berlin 1971 (russ. 1971).

8 ZN, S. 90–96.

9 ZN, S. 96: „Die Logik der biologischen Regelungssysteme gehorcht nicht der Hegelschen Logik, sondern der Booleschen Algebra und der Logik der Elektronenrechner."

10 Vgl. Geißler/Ley, Protokoll der Kühlungsborner Tagung 1970 zu ethischen Fragen der Molekularbiologie, Berlin 1972.

11 ZN, S. 201.

12 Vgl. H. Ley, Dämon Technik?, Berlin 1961, S. 337–341.

13 ZN, S. 149f., HN, S. 135: „ses orientations généralement ascendantes".

14 Ebenda.

15 MEW, Bd. 20, Berlin 1962.

16 ZN, S. 204, HN, S. 183: „Cette évolution devait non seulement faciliter l'acceptation de la loi tribale, mais créer le *besoin* de l'explication mythique qui la fonde en lui conférant la souveraineté. Nous sommes les descendants de ces hommes. C'est d'eux sans doute que nous avons hérité l'exigence d'une explication, l'angoisse qui nous contraint à chercher le sens de l'existence. Angoisse créatrice de tous les mythes, de toutes les religions, de toutes les philosophies et de la science ellemême."

17 ZN, S. 205.

18 ZN, S. 208.

19 Ebenda.

20 Ebenda, HN, S. 185. Die französische Originalausgabe hat bloß: „in den Seelen", dans les âmes.

21 HN, S. 75ff., 77.

22 ZN, S. 204.

23 ZN, S. 207.

24 ZN, S. 208.

25 ZN, S. 209.

26 ZN, S. 214, HN S. 190.

27 ZN, S. 207.

28 Ebenda.

29 ZN, S. 207f.

30 ZN, S. 211, HN, S. 187/188: „... l'Homme enfin se réveille de son rêve millénaire pour découvrir sa totale solitude, son étrangeté radicale. Il sait maintenant que, comme un Tzigane, il est en marge de l'univers où il doit vivre."

31 Ebenda.

32 ZN, S. 211.

33 Ebenda.

34 ZN, S. 215.

35 ZN, S. 127.

36 ZN, S. 46.

37 ZN, S. 209: „Die ‚liberalen' Gesellschaften des Westens verkünden als Grundlage ihrer Moral nach außen immer noch eine abstoßende Mischung aus jüdisch-christlicher Religiosität, ‚wissenschaftlicher' Fortschrittsgläubigkeit, ‚natürlichen' Menschenrechten und utilitaristischem Pragmatismus. Die marxistischen Gesellschaften bekennen sich noch immer zur materialistischen und dialektischen Religion der Geschichte."

38 ZN, S. 209.

[39] MEW, Bd. 2, Berlin 1962, S. 158/159.

[40] Vgl. B. M. Kedrow, Friedrich Engels – Enzyklopädist der marxistischen Wissenschaft. In: M. Klein/H. Ley, Friedrich Engels und moderne Probleme der Philosophie des Marxismus, Berlin 1971, S. 576: Die technischen Wissenschaften als Bindeglied zwischen Natur- und Gesellschaftswissenschaften. Ihr Doppelcharakter: subjektives Ziel und objektive Möglichkeit der Erreichbarkeit – Freiheit und Notwendigkeit. Die russische Ausgabe erschien unter Leitung von M. T. Jowtschuk, dem Leiter des Sowjetischen Redaktionskollegiums und des Autorenkollektivs Moskau 1971.

[41] MEW, Bd. 23, a. a. O., S. 87.

[42] Ebenda, S. 93: „Jene alten gesellschaftlichen Produktionsorganismen sind außerordentlich viel einfacher und durchsichtiger als der bürgerliche, aber sie beruhen entweder auf der Unreife des individuellen Menschen, der sich von der Nabelschnur des natürlichen Gattungszusammenhangs mit andren noch nicht losgerissen hat, oder auf unmittelbaren Herrschafts- und Knechtschaftsverhältnissen. Sie sind bedingt durch eine niedrige Entwicklungsstufe der Produktivkräfte der Arbeit und entsprechend befangene Verhältnisse der Menschen innerhalb ihres materiellen Lebenserzeugungsprozesses, daher zueinander und zur Natur."

[43] ZN, S. 210.

[44] Ebenda.

[45] ZN, S. 219, 213.

[46] MEW, Bd. 23, a. a. O., S. 98.

[47] Lenin, Bd. 38, Berlin 1964, S. 162.

[48] MEW, Bd. 23, a. a. O., S. 94: „Die Gestalt des gesellschaftlichen Lebensprozesses, d. h. des materiellen Produktionsprozesses, streift nur ihren mystischen Nebelschleier ab, sobald sie als Produkt frei vergesellschafteter Menschen unter deren bewußter planmäßiger Kontrolle steht. Dazu ist jedoch eine materielle Grundlage der Gesellschaft erheischt oder eine Reihe materieller Existenzbedingungen, welche selbst wieder das naturwüchsige Produkt einer langen und qualvollen Entwicklungsgeschichte sind."

[49] MEW, Bd. 2, a. a. O., S. 88: „Die absolute Kritik, weit entfernt zu vermuten, daß die Kategorie ‚*des Fortschrittes*' völlig gehaltlos und abstrakt ist, ist vielmehr so sinnreich, ‚*den Fortschritt*' als absolut anzuerkennen, um, zur Erklärung des Rückschritts, einen ‚*persönlichen Widersacher*' des Fortschritts, *die Masse*, zu unterstellen. Weil ‚*die Masse*' nichts ist als der ‚*Gegensatz des Geistes*', *des* Fortschritts *der* ‚Kritik', so kann sie auch nur durch diesen imaginären Gegensatz bestimmt werden ..."!

[50] Ebenda, S. 89: „Jenes ... Verhältnis ist nämlich nichts anderes als die *kritisch karikierte Vollendung* der *Hegelschen Geschichtsauffassung*, welche wieder nichts anderes ist als der *spekulative* Ausdruck des *christlich-ger-*

manischen Dogmas vom Gegensatze des *Geistes* und der *Materie, Gottes* und der *Welt.* Dieser Gegensatz drückt sich nämlich innerhalb der Geschichte, innerhalb der Menschenwelt selbst so aus, daß wenige auserwählte *Individuen* als *aktiver* Geist der übrigen Menschheit als der *geistlosen Masse,* als der *Materie* gegenüberstehen."

51 M. Eigen, Selforganization of Matter and the Evolution of Biological Macromolecules. In: Die Naturwissenschaften (58) 10/1971, S. 465 bis 523; im folgenden abgekürzt: SME.

52 M. Eigen in der Vorrede zur deutschen Ausgabe zu ZN, S. XIV.

53 ZN, S. 53, 98.

54 ZN, S. 227–235 und 140–146.

55 G. W. Leibniz, Philosophische Schriften, ed. J. E. Erdmann, Berlin 1840, S. 746–792.

56 ZN, S. 140.

57 Ebenda.

58 ZN, S. 141.

59 ZN, S. 141f.

60 Lenin, Bd. 38, a. a. O., S. 340: „Jedes Einzelne ist (auf die eine oder andere Art) Allgemeines. Jedes Allgemeine ist (ein Teilchen oder eine Seite oder das Wesen) des Einzelnen."

61 ZN, S. 141, HN, S. 127.

62 Ebenda.

63 ZN, S. 142, HN, S. 127.

64 ZN, S. 142, HN, S. 128; Monod benutzt den Ausdruck prévoir.

65 ZN, S. 143, HN, S. 128.

66 HN, S. 129, ZN, S. 144; im Original hervorgehoben.

67 M. Eigen, in: Vorrede zu ZN, S. XIV.

68 Ebenda.

69 Ebenda, S. XIVf.

70 M. Eigen, SME, S. 469.

71 ZN, S. 142, HN, S. 128.

72 M. Eigen, SME, S. 521: „ . . . 2. Jedes durch Mutation und Selektion erhaltene System ist hinsichtlich seiner individuellen Struktur unbestimmt, trotzdem ist der resultierende Vorgang der Evolution zwangskäufig – also Gesetz . . ."

73 Lenin, Bd. 38, a. a. O., S. 141f.

74 Ebenda, S. 142.

75 ZN, S. 145.

76 ZN, S. 81 und 96ff.

77 ZN, S. 98.

78 ZN, S. 98f.

79 ZN, S. 100.

80 MEW, Bd. 20, a. a. O., S. 486.

81 Ebenda.

82 Ebenda, S. 487.

83 Ebenda.

84 Ebenda.

85 Ebenda, S. 488.

86 Ebenda, S. 489.

87 Ebenda, S. 489.

88 Ebenda, S. 489, Anm. 2

89 Ebenda, S. 489,

90 Ebenda, S. 488.

91 Ebenda, vor dem zuletzt zitierten Satz.

92 Vgl. Lenin, Bd. 38, a. a. O., S. 340: Zur Frage der Dialektik.

93 MEW, Bd. 20, a. a. O., S. 489.

94 Ebenda, S. 49.

95 MEW, Bd. 23, a. a. O., S. 12

96 Ebenda, S. 12.

97 Ebenda, S. 15: „Im Vergleich zur englischen ist die soziale Statistik Deutschlands und des übrigen kontinentalen Westeuropas elend."

98 Ebenda, S. 25f.

99 Vgl. ebenda, S. 15.

100 Ebenda, S. 27.

101 Ebenda.

102 Ebenda, S. 26: „Die alten Ökonomen verkannten die Natur ökonomischer Gesetze, als sie dieselben mit den Gesetzen der Physik und Chemie verglichen ... Eine tiefere Analyse der Erscheinungen bewies, daß soziale Organismen sich voneinander ebenso gründlich unterscheiden als Pflanzen- und Tierorganismen ... Ja, eine und dieselbe Erscheinung unterliegt ganz und gar verschiednen Gesetzen infolge des verschiednen Gesamtbaus jener Organismen, der Abweichung ihrer einzelnen Organe, des Unterschieds der Bedingungen, worin sie funktionieren usw."

103 K. Marx, Grundrisse der Kritik der politischen Ökonomie, Berlin 1953, Einleitung, Abschnitt 2: Das allgemeine Verhältnis der Produktion zu Distribution, Austausch und Konsumtion.

104 MEW, Bd. 23, a. a. O., S. 59 und 215.

105 Ebenda, S. 117.

106 Ebenda.

107 K. Marx, Grundrisse der Kritik der politischen Ökonomie, S. 81. MEW, Bd. 19, Berlin 1962, S. 21.

108 ZN, S. 97, HN, S. 91.

109 ZN, S. 81–92.

110 ZN, S. 88.

111 ZN, S. 97.

112 Vgl. H. Ley, Zur Philosophie eines idealistischen Naturwissenschaft-

lers. Bemerkungen zu Arbeiten Alwin Mittaschs. In: Wissenschaftliche Zeitschrift der TH Dresden 1954/55, Heft 5, S. 385—444.

113 ZN, S. 99.

114 ZN, S. 94, Anm. 7.

115 ZN, S. 98f.

116 ZN, S. 99.

117 ZN, S. 105.

118 Ebenda.

119 ZN, S. 106.

120 ZN, S. 110.

121 ZN, S. 111.

122 Ebenda.

123 ZN, S. 120.

124 ZN, S. 121.

125 W. Vent, Über die Bedeutung der botanischen Systematik. In: H. Ley/ R. Löther, Mikrokosmos — Makrokosmos, Bd. II, Berlin 1967, S. 506; vgl. ZN, S. 155.

126 ZN, S. 152.

127 Ebenda.

128 ZN, S. 178.

129 SME, S. 519: „Wir müssen weiter schließen", schreibt Manfred Eigen, „daß die Evolution des Lebens, wenn sie auf einem ableitbaren physikalischen Prinzip gegründet ist, als ein *unvermeidlicher* (inévitable, im Original hervorgehoben — H. L.) Prozeß zu betrachten ist, unbeschadet seines indeterminierten Verlaufes (must be considered as inevitable process despite its indeterminate course).

130 ZN, S. 149.

131 ZN, S. 149f.

132 ZN, S. 150.

133 ZN, S. 154.

134 Ebenda.

135 Ebenda.

136 ZN, S. 155.

137 M. Eigen, in: ZN, S. XIIIf. und SME, S. 520.

138 Vgl. H. G. Schöpf, Zur Axiomatik der phänomenologischen Thermodynamik. In: Mikrokosmos—Makrokosmos, Bd. II, a. a. O., S. 207f.; H.-J. Treder, Energiesatz und Zeitrichtung in der Kosmologie. In: Die Naturwissenschaften (55) 9/1968, S. 440f.

139 SME, S. 471.

140 SME, S. 467.

141 SME, S. 468.

142 Ebenda.

143 Ebenda.

144 Ebenda.

145 SME, S. 473.

146 SME, S. 475f.

147 SME, S. 477.

148 Ebenda.

149 SME, S. 484.

150 Ebenda.

151 SME, S. 490.

152 Ebenda.

153 SME, S. 503f.

154 SME, S. 503.

155 SME, S. 512.

156 SME, S. 515.

157 SME, S. 515f.

158 SME, S. 518.

159 SME, S. 520.

160 ZN, S. 218: „Der historische Materialismus beruht vielleicht in noch stärkerem Maße als die anderen animistischen Lehren auf einer totalen Verwirrung von Wert- und Erkenntniskategorien. Gerade aufgrund dieser Verwirrung kann er dann in seiner Rede, die jeder Authentizität entbehrt, proklamieren, er habe die historischen Gesetze ‚wissenschaftlich' festgestellt und der Mensch könne ihnen nur noch gehorchen, wolle er nicht ins Wesenlose fallen."

161 A. A. Malinowski, Einige Fragen der Organisation biologischer Systeme. In: Organisation und Leitung, Fragen der Theorie und Praxis, ed. A. I. Berg (Moskau 1968), Berlin 1970, S. 135–163.

162 ZN, S. 22.

163 Ebenda.

164 ZN, S. 22f

165 ZN, S. 24.

166 ZN, S. 25.

167 ZN, S. 24.

168 L. White jr., Die historischen Ursachen unserer ökologischen Krise. In: Gefährdete Zukunft – Prognosen angloamerikanischer Wissenschaftler, ed. von M. Lohmann, München 1970, Erstabdruck in „Science" (155), 10. 3. 1967, S. 1203. Erstgenannte Ausgabe S. 22ff.

169 Ebenda, S. 24.

170 MEW, Erg. Bd. 2, S. 543: „Die *Industrie* ist das *wirkliche* geschichtliche Verhältnis der Natur und daher der Naturwissenschaft zum Menschen."

171 Ebenda, S. 542.

172 Ebenda.

173 E. Leach, Fluch und Chance des Fortschritts. In: Edition Lohmann, München, 1970, S. 74. Zuerst Rundfunkvortrag der BBC 1967.

174 L. White jr., ebenda, S. 27f.

[175] E. Leach, ebenda, S. 72.

[176] Ebenda, S. 72f.

[177] Lenin, Bd. 14, a. a. O., S. 261ff.

[178] E. Leach, a. a. O., S. 73.

[179] ZN, S. 216.

[180] Ebenda.

[181] O.-J. Grüsser und V. Henn, Erkenntnistheoretische und anthropologische Aspekte der modernen Hirnforschung. In: Wohin führt die Biologie? Ein interdisziplinäres Kolloquium, ed. M. Lohmann, München 1970, S. 111–146.

[182] John Locke, Works, Vol. III, London 1722, Familiar Letters: Molyneux an Locke, Brief vom 2. März 1963.

[183] Grüsser und Henn, a. a. O., S. 135.

[184] Ebenda.

[185] Ebenda, S. 144.

[186] Ebenda: „Der ideologische Überbau selbst ist symbolisiert als Mythos, Weltbild oder politisch-religiöses System, wobei infolge des Freiheitsgrades der Sprache die gedanklichen Systeme sich beliebig von der Wirklichkeit entfernen können. Die ‚Alphatiere' der menschlichen Gesellschaft können so aus der wirklichen Gesellschaft exterritorialisiert und zu abstrakten Ideologien und mythischen Kulten um lebende oder gestorbene Menschen umgeformt werden."

[187] Ebenda, S. 117.

[188] Ebenda.

[189] Ebenda, S. 144.

[190] Ebenda.

[191] Ebenda, S. 145.

[192] Ebenda, S. 146.

[193] Ebenda, S. 125.

[194] Ebenda, S. 126.

[195] Ebenda, S. 125; zuvor schon Helmar Frank 1964.

[196] Grüsser und Henn, ebenda.

[197] I. J. Birman, Lineare Optimierung in der Ökonomie, Berlin 1971, S. 601 (russ. 1968).

[198] Ebenda.

[199] Zeitgenössischer Determinismus und Wissenschaft. In: Woprossy filossofii (24) 11/1971, Satschkow, S. 123.

[200] A. G. Aganbegjan, ebenda, S. 126.

[201] G. Tembrock, Verhaltensforschung, Jena 1964, S. 96.

[202] Ebenda.

[203] MEW, Bd. 20, a. a. O., S. 491.

[204] ZN, S. 183f.: „4. Aufzeichnung der Ereignisse, die im Hinblick auf die Bandbreite der spezifischen Leistungen bedeutsam sind, und ihre Zusammenfassung zu Klassen von Ereignissen entsprechend ihren Ana-

logien; Verknüpfung dieser Klassen entsprechend den Koinzidenz- oder Folgebeziehungen zwischen den Ereignissen; Bereicherung, Verfeinerung und Auffächerung der angeborenen Programme unter Einschluß dieser Erfahrungen ..."

205 ZN, S. 186.

206 ZN, S. 183.

207 ZN, S. 188.

208 Vgl. ZN, S. 187f.

209 MEW, Bd. 20, a. a. O., S. 499 und 507.

210 ZN, S. 188.

211 Ebenda.

212 Ebenda.

213 Nature (255), 1112, 1188, 1217 (1970); (226) 223, 914, 918 (1970); (231) 213 (1971). Naturwissenschaftliche Rundschau (24) 433 (1971).

214 Bernhard Rensch, Biophilosophie, Stuttgart 1968, S. 267.

215 ZN, S. 197.

216 ZN, S. 198.

217 Ebenda.

218 ZN S. 199.

219 Ebenda.

220 ZN, S. 200.

221 Ebenda.

222 N. P. Dubinin bei Rundtischgespräch der Redaktion der Zeitschrift Woprossy filossofii und des Instituts für Medizinische Genetik der Akademie der Wissenschaften der UdSSR. In: Woprossy filossofii (23) 7/1970 und in: Sowjetwissenschaft, Gesellschaftswissenschaftliche Beiträge, 1 und 2/1971, S. 77.

223 Grüsser und Henn, a. a. O., S. 143.

224 L. Frobenius, Kulturgeschichte Afrikas, London 1934.

225 ZN, S. 202.

226 Ebenda.

227 ZN, S. 215.

228 Ebenda.

229 Vgl. A. I. Oparin, Internationale Konferenz zu Problemen der Entstehung des Lebens. In: Sowjetwissenschaft, Gesellschaftswissenschaftliche Beiträge, 2/1971, S. 201ff.

230 C. Lévi-Strauss, Anthropologie structurale, Paris 1958; Strukturale Anthropologie, Frankfurt a. M. 1967.

231 M. Foucault, Les mots et les choses, Paris 1966; L'archéologie du savoir, Paris 1969.

232 ZN, S. 163.

233 Ebenda.

234 Vgl. M. Foucault, L'archéologie, S. 99; im folgenden abgekürzt: AS.

235 AS, S. 21.

[236] AS, S. 22f.
[237] AS, S. 23.
[238] Ebenda.
[239] Vgl. AS, S. 22, 23: „... à nouveau le thème d'une continuité de l'histoire a été réactivité: une histoire qui ne serait pas scansion, mais devenir; qui ne serait pas jeu de relations, mais synanisme interne; qui ne serait pas système, mais dur travail de la liberté: qui ne serait pas forme, mais effort incessant d'une conscience se reprenant elle même et essayant de se ressaisir jusqu'au plus profond de ses conditions ... Pour faire valor ce thème qui oppose à l', immobilité' des structures, à leur système ‚ferme', à nécessaire ‚synchronie', l'ouverture vivante de l'histoire, il faut évidemment nier dans les analyses historiques elles-mêmes l'usage de la discontinuité, la définition des niveaux et des limites, la déscription des séries spécifiques, la mise au jour de tout le jeu différences." Der französische Text enthält kondensiert den Verzicht auf die dialektischen Kategorienpaare.
[240] AS, S. 22.
[241] Ebenda.
[242] Ebenda.
[243] AS, S. 18.
[244] AS, S. 13–16.
[245] Vgl. MEW, Bd. 23, a. a. O., S. 109 (und andere Stellen).
[246] MEW, Bd. 20, a. a. O., S. 345.
[247] Ebenda, S. 346.
[248] ZN, S. 5.
[249] Lenin, Bd. 38, a. a. O., S. 159/160. Einige wesentliche Passagen lauten (Hegelscher Text): „Das Abstrakte hält man darum für geringer als das Konkrete, weil aus jenem soviel dergleichen Stoff weggelassen worden sei. Das Abstrahieren hat in dieser Meinung die Bedeutung, daß aus dem Konkreten nur *zu unserem subjektiven Behuf* ein oder das andere Merkmal so herausgenommen werden, daß mit dem Weglassen so vieler anderer Eigenschaften und Beschaffenheiten des Gegenstandes denselben an ihrem Werte und ihrer Würde nichts benommen sein solle ... so daß es nur das *Unvermögen* des Verstandes sei, solchen Reichtum nicht aufzunehmen und sich mit der dürftigen Abstraktion begnügen zu müssen." Lenin versichert bei gleichzeitiger Kritik an anderen idealistischen Seiten Hegels, die in vorliegender Partie besonders scharf ausfallen: „Hegel ist hier *im Wesentlichen* Kant gegenüber vollkommen im Recht ... Die Abstraktion der *Materie*, des Natur*gesetzes*, die Abstraktion des *Wertes* usw., mit einem Wort *alle* wissenschaftlichen (richtigen, ernst zu nehmenden, nicht unsinnigen) Abstraktionen spiegeln die Natur tiefer, richtiger, *vollständiger* wider. Von der lebendigen Anschauung zum abstrakten Denken *und von diesem zur*

Praxis – das ist der dialektische Weg der Erkenntnis *der Wahrheit*, der Erkenntnis der objektiven Realität."

250 ZN, S. 3f. Vorwort Monod.

251 ZN, S. 214.

252 ZN, S. 215.

253 ZN, S. 217.

254 M. Eigen, Vorrede zu ZN, S. XV.

255 ZN, S. 1 aus dem von Camus zitierten Absatz.

256 M. Eigen, Vorrede zu ZN, S. XVI.

Namenverzeichnis

Zur Kritik der bürgerlichen Ideologie

HERAUSGEGEBEN VON MANFRED BUHR

unter Mitwirkung von
ANDRÁS GEDÖ (Budapest) · M. T. JOWTSCHUK (Moskau)
TODOR PAWLOW (Sofia) · VLADIMIR RUML (Prag)
ROBERT STEIGERWALD (Frankfurt/Main)

1. ILEANA BAUER/ANITA LIEPERT
Sirenengesang eines Renegaten oder
Die „große Wende" Roger Garaudys

2. ALEXANDER ABUSCH
Tradition und Gegenwart des sozialistischen Humanismus

3. WALTER JOPKE
Ideologischer Klassenkampf und sozialistisches Bewußtsein

4. N. MOTROSCHILOWA/J. SAMOSCHKIN
Marcuses Utopie der Antigesellschaft

5. GERTRAUD KORF
Ausbruch aus dem „Gehäuse der Hörigkeit"?
Kritik der Kulturtheorien Max Webers und Herbert Marcuses

6. JURI DAWYDOW
Die sich selbst negierende Dialektik
Kritik der Musiktheorie Theodor Adornos

7. JOACHIM STREISAND
Kritische Studien zum Erbe der deutschen Klassik
Fichte – W. v. Humboldt – Hegel

8. ANDRÁS GEDÖ
Der entfremdete Marx
Zur existentialistisch-„humanistischen" Marxismus-Deutung

9. GEORG MENDE
Philosophie und Ideologie
Marxistisch-leninistische Polemik in philosophiehistorischer Bewährungsprobe

10. WILHELM RAIMUND BEYER

Die Sünden der Frankfurter Schule

Ein Beitrag zur Kritik der „Kritischen Theorie“

11. HARALD WESSEL

Philosophie des Stückwerks

Eine Auseinandersetzung mit dem neupositivistischen „kritischen Rationalismus“

12. ANDRÁS GEDÖ/MANFRED BUHR/VLADIMIR RUML

Die philosophische Aktualität des Leninismus/Zur Aktualität der Leninschen Positivismus-Kritik/Positivistische „Philosophie der Wissenschaft“ im Lichte der Wissenschaft

13. WILHELM GIRNUS

Von der unbefleckten Empfängnis des Ästhetischen

Zur „Ästhetik“ von Georg Lukács/ Zweitausend Jahre Verfälschung der aristotelischen „Poetik“/Kunst und Geschichte

14. HERMANN KLENNER

Rechtsleere

Verurteilung der Reinen Rechtslehre

15. ROBERT STEIGERWALD

Marxistische Klassenanalyse oder spätbürgerliche Mythen

Lenin-Verfälschung in der BRD/„Links“-revisionistische Sozialismus-Kritik/ Bürgerliche Ideologie in linker Verkleidung/Antikommunismus – seine Grundmythen und Grundmechanismen

16. GÜNTER WETTSTÄDT

„Industriegesellschaft“ – „Ostpädagogik“ – Antikommunismus

17. ROLF BAUERMANN/HANS-JOCHEN RÖTSCHER

Dialektik der Anpassung

Die Aussöhnung der „Kritischen Theorie“ mit den imperialistischen Herrschaftsverhältnissen

18. WALTER HOLLITSCHER
„Kain“ oder Prometheus?
Zur Kritik des zeitgenössischen Biologismus

19. ERHARD ALBRECHT
Bestimmt die Sprache unser Weltbild?
Zur Kritik der gegenwärtigen bürgerlichen Sprachphilosophie

20. HERBERT MEISSNER
Theorie des Wirtschaftswachstums
Hoffnung und Dilemma der bürgerlichen Ökonomie

21. PETER REICHEL
Verabsolutierte Negation
Zu Adornos Theorie von den Triebkräften der gesellschaftlichen Entwicklung

22. LADISLAV HRZAL
Die Auseinandersetzung mit dem Revisionismus und dem Antikommunismus
während der krisenhaften Entwicklung in der ČSSR 1968/69

23. BERND P. LÖWE
Klassenkampf oder sozialer Konflikt?
Zu den Gleichgewichts- und Konflikttheorien der bürgerlichen politischen Soziologie

24. PANAJOT GINDEV
Die Diktatur des Proletariats und ihre „Kritiker“

Erschienen im Akademie-Verlag GmbH, 108 Berlin,
Leipziger Str. 3–4

Umschlag: Willi Bellert
Lizenznummer: 202 · 100/305/72
Herstellung: IV/2/14 VEB Druckerei
»Gottfried Wilhelm Leibniz«, 445 Gräfenhainichen/DDR · 3980
Bestellnummer: 2149/25 · ES 3 B 3
EDV: 752 340 7
4,80